「Bluff Bakery」
名店麵包配方の
家庭研究室

瑞昇文化

CONTENTS

BAGUETTE

HONEY GRAIN

BLUFF BREAD

CINNAMON ROLL

BRIOCHE

BAGEL

○ 烤箱使用有蒸氣功能的電烤箱，且於烘焙時依照狀況分開使用「開啟蒸氣」與「關閉蒸氣」。因為機型不同多少會有差異，請自行調整烘焙時間與溫度。本書內雖然最高使用到300℃，根據機型不同有可能只能達到250℃，但兩者的烘焙時間皆相同。

○「Bluff Bakery」的麵包材料皆以烘焙比例標示。所謂的烘焙比例是指當麵粉比例為100%時，其他材料所需的配合比例。而本書內則直接收錄原本的內容。

「Bluff Bakery」的人氣麵包。在自家也烤得出來。

BAGUETTE

外（皮）酥脆，
內裡軟綿蓬鬆的
法國麵包。

HONEY GRAIN

甜甜的黑麥麵包，
帶有穀物麵包的感覺。

BLUFF BREAD

微微甘甜
且擁有黏牙口感的
吐司。

CINNAMON ROLL

「Bluff Bakery」
重現美國經典麵包。

BRIOCHE

使用潘娜朵尼酵母製成，
口感濃郁
且滑順的麵包。

BAGEL

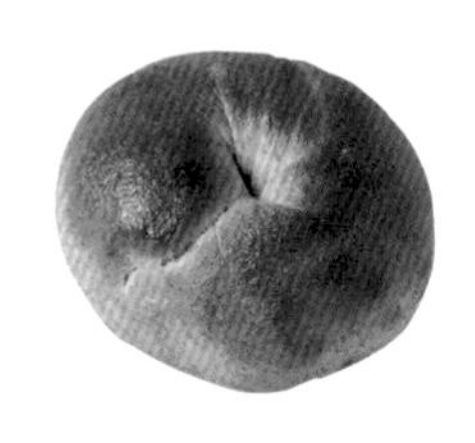

稍大的紐約尺碼，
且擁有出眾的咀嚼感。

「Bluff Bakery」是一間麵包店，位於橫濱・元町的購物中心前往山手路途中的代官坂。榮德剛主廚於2010年開業後立刻大受好評，連日來客絡繹不絕。而試著在家裡將這樣擁有高人氣的麵包店麵包烘焙出來的，就是經手過大量家庭麵包書籍的高橋雅子。這兩人組成搭檔，將「Bluff Bakery」的人氣麵包改編成可以在家裡自己製作的食譜。店家與家庭內烘焙的麵包有什麼不同的地方呢？我如此地向這兩人詢問。

高 =高橋 榮 =榮德

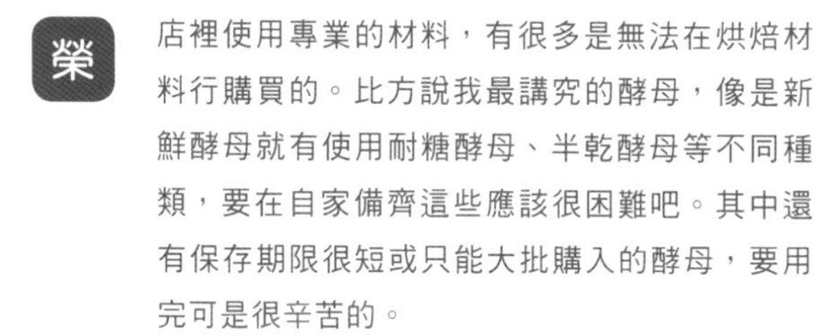

使用一般家庭買不到的材料

榮　店裡使用專業的材料，有很多是無法在烘焙材料行購買的。比方說我最講究的酵母，像是新鮮酵母就有使用耐糖酵母、半乾酵母等不同種類，要在自家備齊這些應該很困難吧。其中還有保存期限很短或只能大批購入的酵母，要用完可是很辛苦的。

高　在自家就使用任何人都能輕鬆買到的速發乾酵母吧。雖然很難製作出如同店家一般的講究風味，但好用且不易失敗，很適合初學者使用。

材料很多

榮　不僅是酵母的種類，根據麵包種類也會使用不同的麵粉，有時也會在一個麵包內使用多種麵粉。像是風味強烈的麵粉、增添厚重感的麵粉與散發甜味的麵粉等等，我會一邊思考風味、在口中化開的感覺以及與其他材料的合拍程度一邊進行挑選。除此之外也使用大量副材料，要在自家內備齊我認為是困難至極。

高　我打算盡可能減少麵粉、副材料的數量。當然，減少這些會造成味道與香氣跟店裡的稍有不同，但我會在減少的極限上寫出與店裡味道相近的食譜。也因此是無法做出與店裡完全一樣的味道的。

份量很多

榮　店裡一次做的量跟家裡可是天差地遠。使用大量材料時麵團受到室溫影響是很緩慢的，但家裡幾乎都僅使用250g的量，很容易受到室溫與濕度影響。

高　為了接近在店裡的狀態，必須改變發酵溫度與時間。這邊是讓榮德主廚幫忙確認，我也一邊調整食譜讓自家製作時也能呈現店裡的狀態。

發酵方法很複雜

榮　在店裡，我常一邊確認麵團的狀態，一邊聞著香味調整溫度與濕度，將各種麵包的發酵環境調整至最佳狀態。由於需要設定常溫、18℃、1～5℃等溫度，店裡使用可以自由改變溫度與濕度的發酵箱。在自家可能有點難購置這種發酵箱吧？

高　一般家庭是絕對無法使用這種專家技巧的。我稍微改變了一下製作方法，盡可能使用每個家庭都有的冰箱、保冷袋及烤箱的發酵功能等等來控制溫度與濕度。這樣想出的食譜，即使是初學者也能烘焙。

總之器具就是很大

榮　在店裡我們需要烘焙大量的麵包，所以不管是器具或是機器都是專用的。不只發酵箱可以控管溫度與濕度，麵團也是使用大型攪拌機搓揉。烤箱由於是一次可烘焙很多麵包的大傢伙，麵包的加熱方式跟家庭用的差很多。除此之外，發酵的狀態與烘烤的程度都需要用專家的眼光看個分明，絲毫不能馬虎。

高　如果覺得揉麵團很辛苦的話，也可以活用製麵包機。當然也有很多讀者家裡沒有購置，所以基本上食譜內容都能手工製作。因為烤箱是家庭用的，我設定的溫度與時間會跟店裡有所不同。

關於材料

麵粉

在店裡，我們用蛋白質量來分辨麵粉可以做出多少份量，用礦物質量來判斷有多少雜味或芳醇度，並藉此分開使用18種類的麵粉。想要黏牙口感時使用北國之香，要有強烈風味時使用像FH或FS的全麥麵粉，想要有黏糊口感、芬香外皮與芳醇風味就用裸麥麵粉，像布里歐這種很多副材料的麵包，就要選礦物質少、可以活用副材料的風味並擁有一定份量的帆船麵粉。

在家裡，FS用產地在法國的蛋白質含量少卻風味實在的Ecriture代用。在需要使用夢的力量與春豐混合製成的麵包上，則選用已經用適當比例混好的夢的力量混合麵粉。飛鯨麵粉則使用以加拿大產小麥為主體、礦物質含量高的海洋麵粉。石磨裸麥麵粉則使用細磨且容易製出份量且風味實在的細磨裸麥麵粉。基本上，需要風味的時候使用礦物質含量高容易製出份量的細緻全麥麵粉，想要黏糊口感則使用夢的力量混合麵粉。除此之外，在家裡也會使用到法國麵粉、北國之香麵粉、山茶花麵粉與百合花麵粉等等。

店裡使用的麵粉。

家裡使用的麵粉。由左至右分別為Ecriture、夢的力量混合麵粉、海洋麵粉、細緻全麥麵粉、細磨裸麥麵粉。

鹽

鹽本身有將麩質（質地）收緊的功效，此外其殺菌效果也能有效防止腐敗。麵包的味道上「鹹味」會成為關鍵，根據加入時的工序會導致味道不同。如果在後半才加入的話就可以很明顯感覺到鹽味。

不論在店裡或是家裡我們都會使用約三種類的鹽。蓋朗德海鹽內的氯化鈉及鎂的含量較多，味道較苦及鹹，使用於需要實在鹽味時。琉球島鹽的氯化鈉含量略少、鈣較多，可感受到甜味。法國麵包使用蓋朗德海鹽，吐司等副材料較多的麵包則使用琉球島鹽。另外，需要撒在麵包表面以增添變化時則使用莫爾登海鹽。

從左開始為琉球島鹽、莫爾登海鹽、蓋朗德海鹽。

砂糖

砂糖除了能讓麵團味道變溫和，也有抑制腐敗老化的功能。不論在店裡與家裡都常使用的是細砂糖、紅糖以及蜂蜜這三種。因為細砂糖沒有雜味，不會影響副材料，可用於想活用的奶油與蛋本身的味道時。紅糖是在精煉甘蔗時精煉程度較低的產物，礦物質成分較多，因此可以感覺到些微苦味，與全麥麵粉或肉桂之類的香辛料很合拍。蜂蜜的保濕性較高，可以製造溫和口感並增加甜味的寬度。想要增加甜味的厚度時建議與砂糖一起使用。

左起為糖粉、細砂糖、蜂蜜、紅糖。

油脂・乳製品

油脂的部分使用奶油，但我們會分開使用含鹽及無鹽兩種。這是種在增加麵團厚度與增添風味時不可或缺的材料。要做出溫和、崩解及鬆脆口感時則會使用鮮奶油。乳脂肪含量選擇較低約35%左右的最為適合，如果太芳醇會很難跟其它的材料達成平衡。另外，為了賦予獨特的風味，有時候也會使用橄欖油。

左起為白脫牛奶粉、鮮奶油（乳脂肪含量35%）、牛奶、奶油（無鹽）。

酵母

以前大家都以Yeast稱呼，但最近已改稱為麵包酵母。麵包酵母之中有一些耐冷藏與冷凍，也一些是耐砂糖滲透壓、耐冷水或發酵臭味較低的。最近甚至有一些會讓烘焙好的麵包較難發霉，可說是擁有各式各樣的功能。在店裡會依照酵母跟材料之間的合拍度、製作方法以及砂糖使用量來選擇要使用哪種麵包酵母。而在家裡，我們則選用易於使用的燕子牌強力即發酵母（紅）。由於本身香味較低，不會影響日本國產小麥的味道與香氣。但需注意不可讓其直接接觸15℃以下的水。

店裡使用的酵母。

家裡使用的即發酵母（紅）。

自家烘焙需要的工具

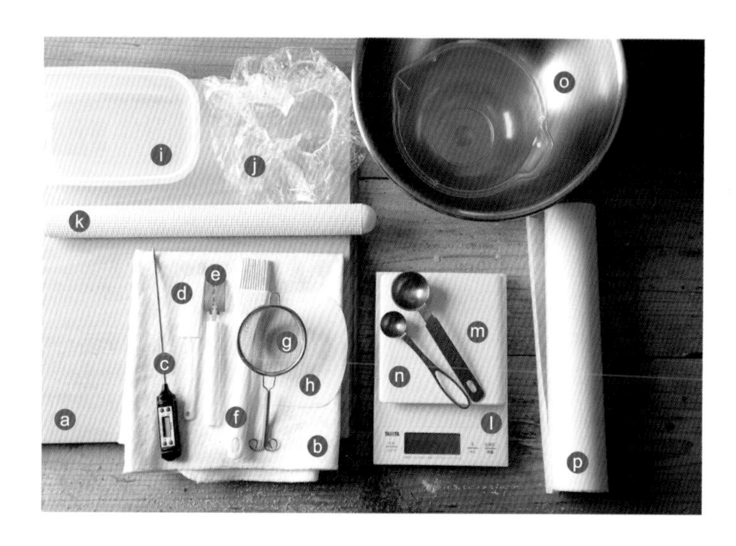

基本工具

ⓐ揉麵板、ⓑ揉麵墊（可避免麵團附著並防止已成型的麵團鬆弛。可在烘焙材料行購得）、ⓒ食品溫度計（可測量水、麵粉以及麵團攪拌溫度）、ⓓ矽膠刮刀、ⓔ麵團割紋刀、ⓕ毛刷、ⓖ濾網、ⓗ刮板、ⓘ密封盒（12×20×高度5cm，容量約900ml）、ⓙ浴帽（沒有的話也可使用保鮮膜）、ⓚ擀麵棍、ⓛ料理秤（精密度達0.1g）、ⓜ大量匙、ⓝ小量匙、ⓞ調理盆（如有大小兩個最好。小的約900ml可用於發酵）、ⓟ烤盤墊紙（p.61使用的是洗過之後可以重複利用的墊紙）

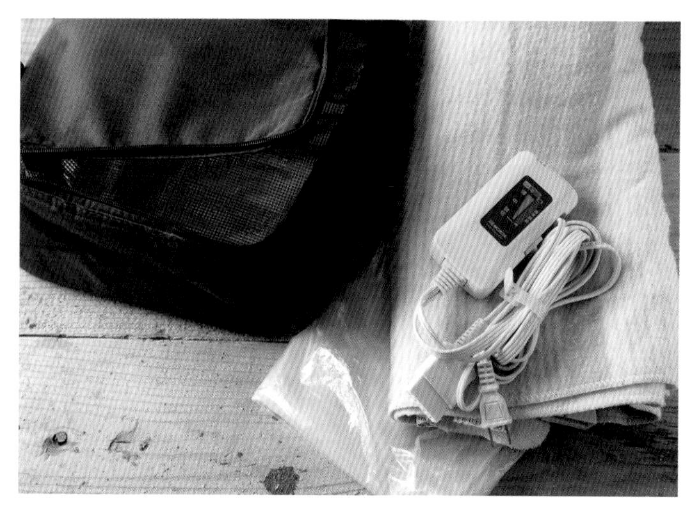

發酵時使用的工具

保溫箱（25×37×高度15cm）、電熱毯、塑膠袋（能完整放入烤盤的大小）

模具

布里歐（菊花邊）烤模、圓形塔圈（直徑8cm）、潘娜朵尼紙模（直徑9×高度9.6cm）、一斤吐司模（內部上方尺寸約9.5×18.5×高度9cm）

關於製作麵包的工序

攪拌

將材料攪拌均勻，製作麵包的基礎。

[麵團攪拌溫度]

為麵粉與水攪拌混合時的麵團溫度（以食品溫度計測量確認）。溫度條件是酵母能夠精神地工作的關鍵，在步驟使用水、麵粉與室溫來調節。水的溫度可以用下面算式填入數字來計算。

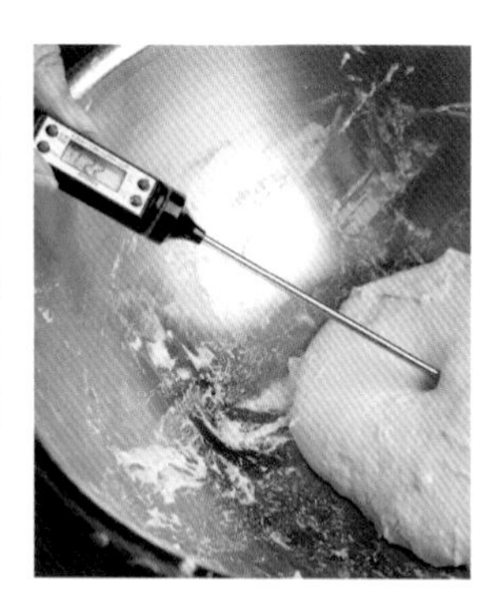

水的溫度＝基本溫度－麵粉溫度－室溫

（參照下方）

基本溫度為法國的麵包專家們使用的數值。各種麵包的數值都不同，請參照下表內的數字代入。此處是以室溫25℃為基準。

基本溫度	手揉	製麵包機
BAGUETTE	73	—
HONEY GRAIN	90	62
BLUFF BREAD	85	52
CINNAMON ROLL	85	67
BRIOCHE	70	52
BAGEL	85	50

＊水包含蛋液或牛奶等液體。水的溫度為高溫並超過60℃時會造成澱粉糊化，請加熱麵粉或室溫以避免水的溫度超過60℃。反之若水溫低於零下，請使用碎冰或是將麵粉放入冰箱降溫。

[使用製麵包機攪拌時]

放入材料到容器內，使用「攪拌模式」攪拌。若要將攪拌好的麵團發酵，需按下「發酵模式」並設定溫度與時間。

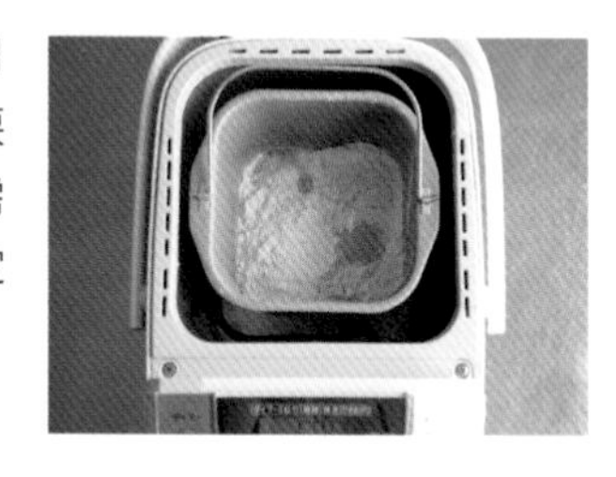

一次發酵

製作出美味的工序。酵母開始活動，同時進行發酵與熟成。發酵會產生碳酸氣體，使麵團膨脹並製造出香味。熟成會使酵素活躍，製造風味與美味。再加上也會同時進行澱粉的分解，越是經過長時間發酵的麵團，老化得也會越慢。

翻麵

除了是一次發酵時的其中一個工序，也是攪拌時的其中一個工序。可使麵團整體的溫度相同，並給予麵團力量。根據翻麵時的手法會大幅影響麵團的伸長方式、強度與緊實度。

分割

為了製作出目標中的麵包，切割成同樣分量使其容易整型。

鬆弛時間

用以回復因為分割而造成的麵團損傷。雖然會不同的麵團有不同做法，但多數為了避免麵團乾燥都會蓋上濕毛巾。

整型

將麵團塑型成欲製作之麵包的形狀。作業內容大多是將麵團展開或搓圓。

二次發酵

為了決定味道濃度與口感所做的發酵。若加大麵團份量，會使麵包變輕且味道較淡。若是製成沒什麼份量的麵團，麵包會較重且味道濃郁。

烘焙

重點在於此過程中打算去掉多少水份。烘焙時間較短會製成口感黏牙且香味四溢的麵包，時間較長的話雖然外皮很香，但內部的香氣會散掉。

發酵的方法

要讓麵團發酵，如果家裡有的話就使用發酵器或烤箱的發酵功能，沒有的狀況則可使用運用保溫箱、塑膠袋或電熱毯的以下方法進行。

使用保溫箱（30 ～ 35℃）

將使用600W的微波爐加熱2分鐘後的保溫劑放在最底下，置網子於上方後放入麵團與溫度計。每30分鐘確認溫度，若溫度降低的話就重新加熱保溫劑。

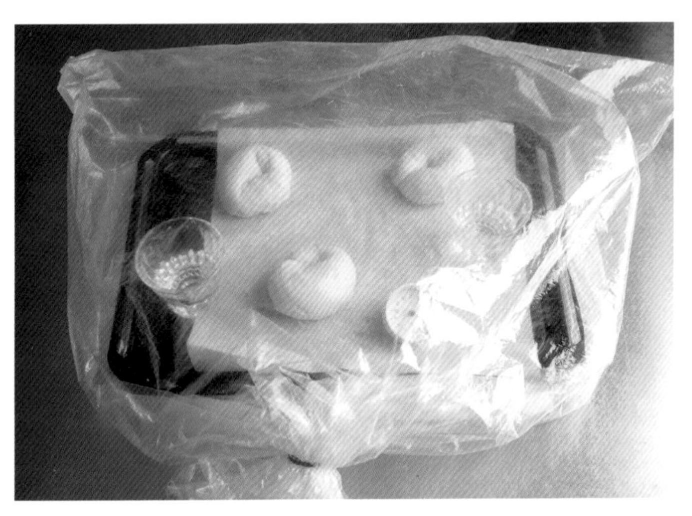

使用塑膠袋（28 ～ 35℃）

在放置麵團的烤盤上，置入兩個裝著熱水的杯子與溫度計後，裝入塑膠袋內並在膨脹的情況下用橡皮筋封住。若溫度降低的話就更換杯子內的熱水。

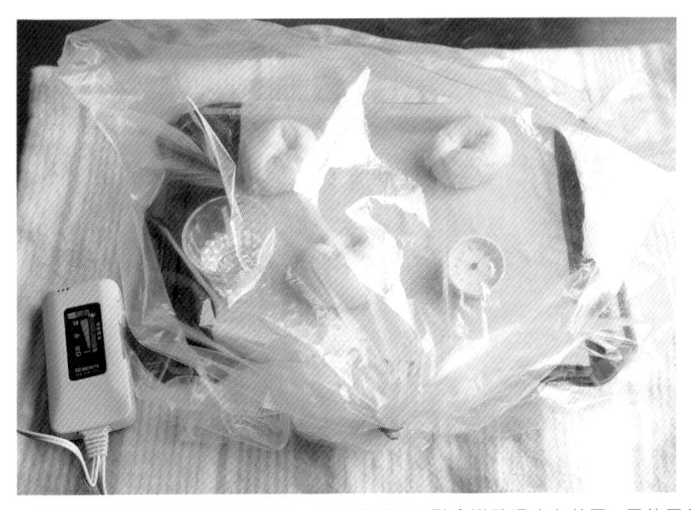

使用塑膠袋＆電熱毯（30 ～ 35℃）

在放置麵團的烤盤上，置入一個裝著熱水的杯子與溫度計後，裝入塑膠袋內。將電熱毯調節至「中」後，把置於塑膠袋內的烤盤放置在電熱毯上。溫度降低的話再更換杯子內的熱水。因為電熱毯的溫度會依製造商而有所不同，開關切成「中」的10分鐘後需再度確認溫度，若太低便切至「強」，太高則切到「弱」。

＊用25℃發酵：幾乎與室溫相同。但因季節及地點會導致溫度有差異，需使用保冷劑或保溫劑來微調。

BAGUETTE

榮德

19歲時，在麵包店的販售區可看見的廚房裡，兩個法國人從大烤箱中取出了長棍麵包。那幅光景衝擊了當時的我，而我的麵包人生也是從那時候開始起步。所以製作長棍麵包時，果然還是只能以法國標準為目標了。

高橋

使用法國麵粉製成的長棍麵包。只指定一種小麥粉，在家庭製麵包中是一個難度很高的食譜。我死命掙扎，想著是否也能用其它麵粉做出來，最後還是慘遭擊沉。這個食譜，只有這種麵粉才做得出來這種味道。超美味！不論做多少次都不會失敗，請務必試著照食譜做一次看看。另外也使用這種麵團來挑戰製作夏威夷豆奶油細繩麵包、德式香腸與顆粒芥末醬的麥穗麵包與煙燻起司與蒔蘿的法國麵包吧。

長棍麵包

製作完成為止
預計花費時間

2日

傳統的法國麵包。
使用甘甜且擁有強烈香味的法國產麵粉。
麵皮薄且擁有酥脆口感，是一種適合搭配其他東西一起食用的麵包。

「Bluff Bakery」的

烘焙比例

法國麵粉（Viron）	100%
燕子牌冷凍半乾酵母　紅	0.25%
蓋朗德海鹽	2%
吸水率	68%
後加水	3%

Crust（麵包皮）芳香，Crumb（麵包內的鬆軟部分）則甘甜黏牙。我是想像著氣泡較多且輕的巴黎法國麵包，選擇了此種麵粉。利用水合法（將麵粉與水混合後直接放置30分鐘的製法。利用小麥粉會自行互相連結的力量，可減少搓揉的時間。）可控制緊實度（咬下時的硬度）與厚重程度，並且使用冷藏發酵以保留甜味。

家中的

材料 2支份

準高筋麵粉（法國麵粉）	250g
水	178g
燕子牌強力即發酵母	0.7g（¼小匙）
└ 溫水（30℃）	5g
蓋朗德海鹽	5g
手粉（準高筋麵粉）	適量

雖然店裡的食譜是使用法國麵粉，但由於家庭製麵包幾乎不使用這種麵粉，我便試著使用其它的麵粉製作。結果其它麵粉都失敗，只有這種麵粉的成果最好。另外雖然也跟店裡一樣使用水合法，但我將休息時間從30分鐘縮短至15分鐘，減少了等待時間。關於搓揉的方式，我從榮德先生那邊聽說「訣竅就是製作麵團時盡量讓其又薄又長」。因為抓住麵團的一端，麵團就會垂下並伸長變薄，所以我在製作時就一直重複這個動作。

攪拌

1 在調理盆內放入定量的水後加入麵粉。

＊水的溫度請參考p.9。

2 使用刮板攪拌全部材料，直到看不見水份。

3 在調理盆上蓋上浴帽，於室溫下放置15分鐘。

15分鐘後。

4 用溫水沖開酵母，加入到3當中。

5 用刮板把麵團切一半。

6

重疊並按壓麵團。此處需重複10次5～6的動作。

7

加入鹽。

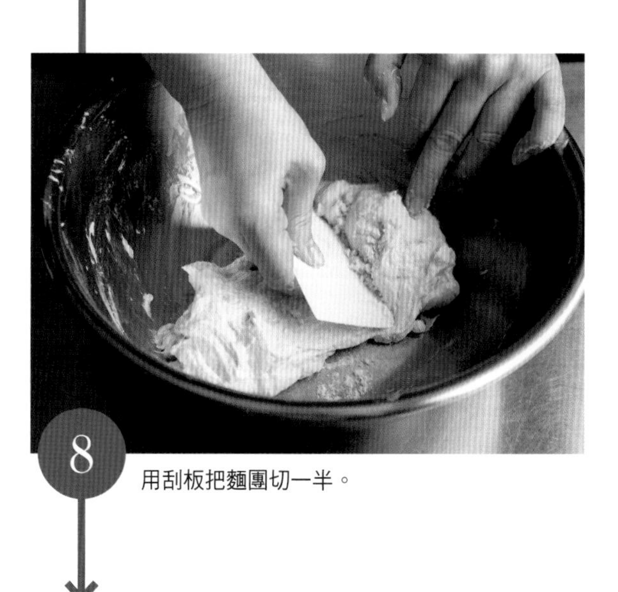

8

用刮板把麵團切一半。

9

重疊並按壓麵團。此處需重複10次8～9的動作。

10

拿起麵團，拉扯它盡量使其伸展變薄。

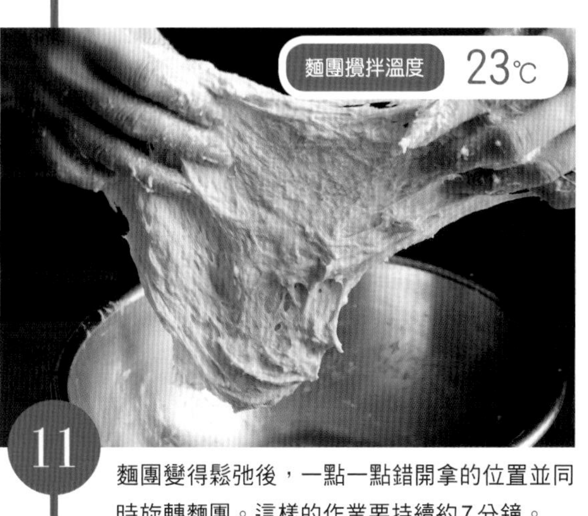

11

麵團變得鬆弛後，一點一點錯開拿的位置並同時旋轉麵團。這樣的作業要持續約7分鐘。

＊這樣做可以讓麵筋在延伸的狀態相互交纏。

一次發酵

12 蓋上浴帽後用25℃發酵20分鐘。

翻麵

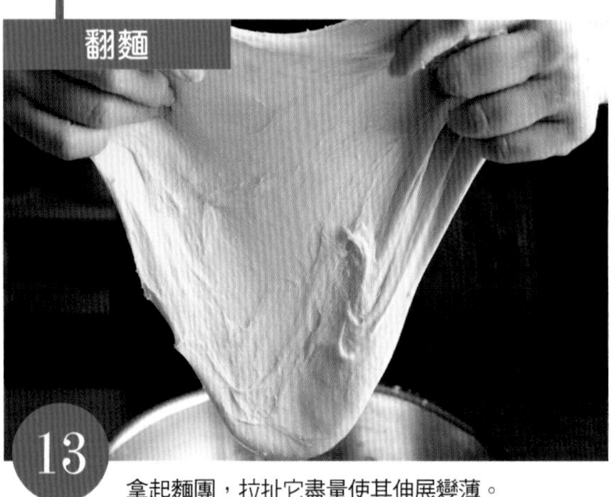

13 拿起麵團，拉扯它盡量使其伸展變薄。

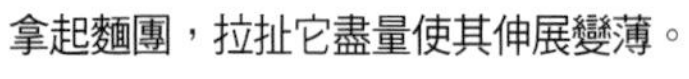

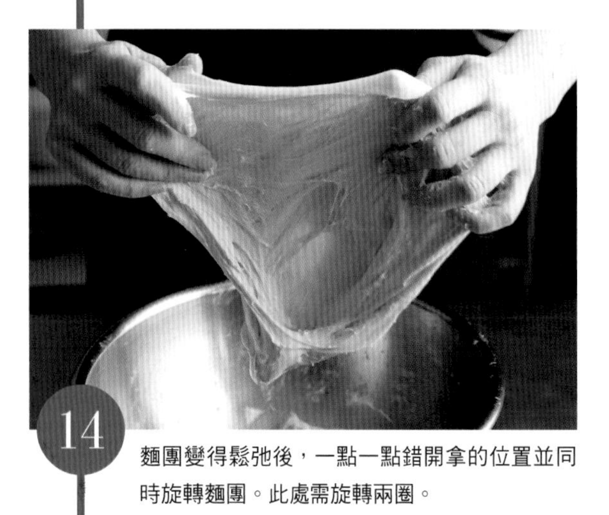

14 麵團變得鬆弛後，一點一點錯開拿的位置並同時旋轉麵團。此處需旋轉兩圈。

15 蓋上浴帽後用25℃發酵20分鐘。此處需重複2次13～15 的步驟。

發酵後的麵團。表面會變得光滑。

16 放入密封盒後蓋上蓋子，使用冰箱發酵12～15小時。

發酵後的麵團，體積為原先的1.7倍。

分割

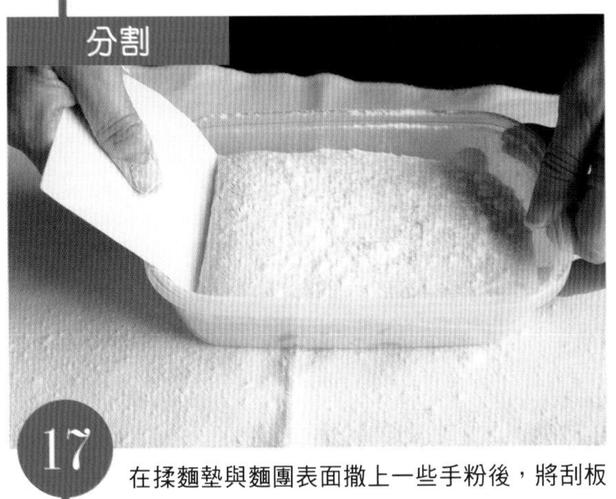

17 在揉麵墊與麵團表面撒上一些手粉後，將刮板順著容器的四個面插入並鬆開麵團。

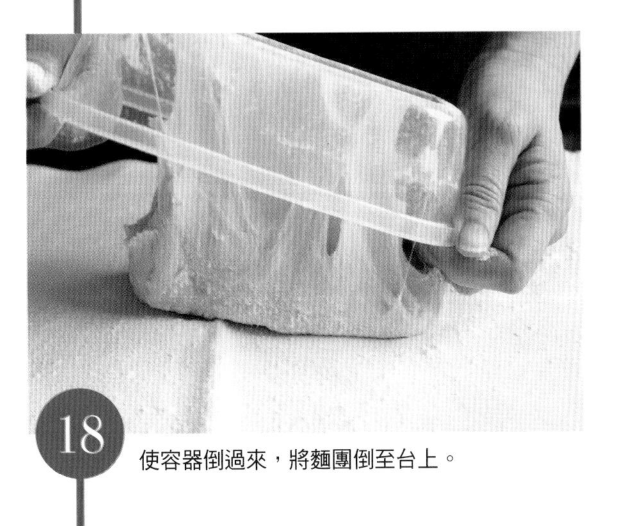

18 使容器倒過來，將麵團倒至台上。

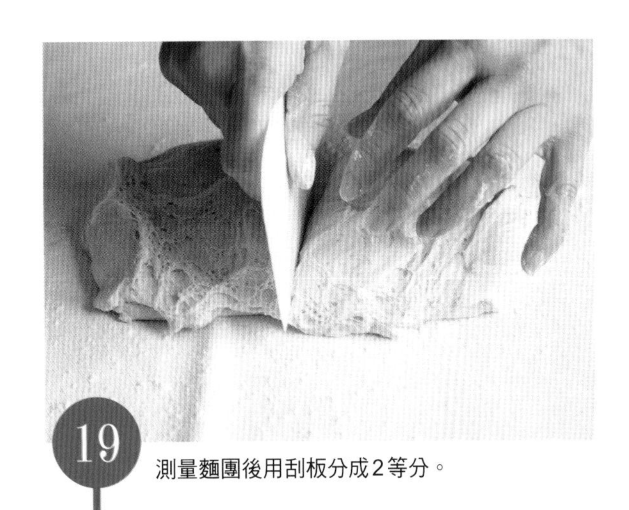

19 測量麵團後用刮板分成2等分。

20 將麵團外側到面前約⅓處摺疊，並用稍微推回的感覺伸展麵團。

21 於同個方向再度從一半處摺疊麵團，並用稍微推回的感覺伸展麵團。另一個麵團也請做相同動作。

鬆弛時間

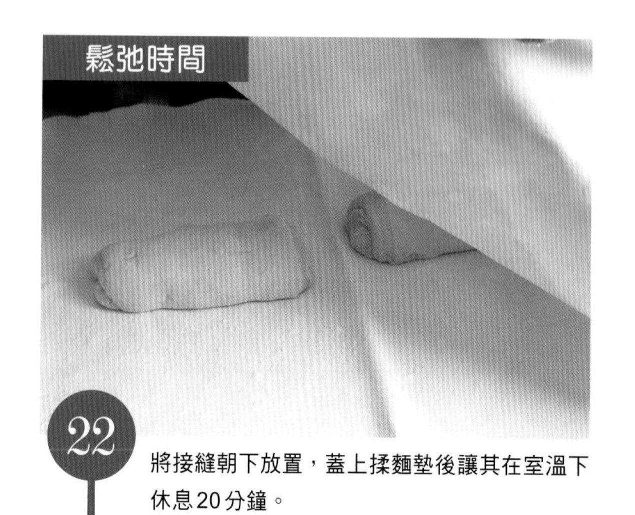

22

將接縫朝下放置，蓋上揉麵墊後讓其在室溫下休息20分鐘。

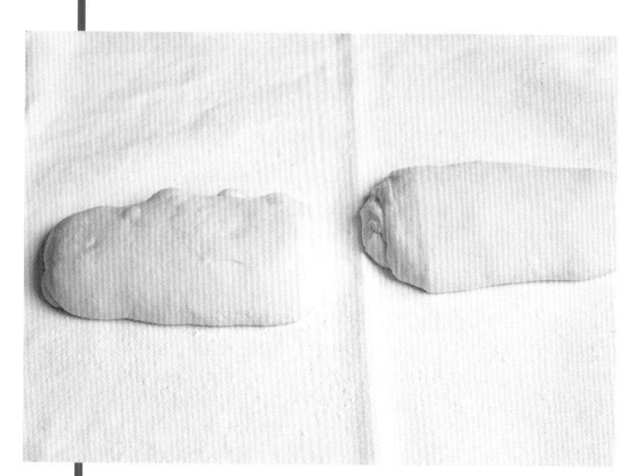

20分鐘後，麵團稍微變軟。

整型

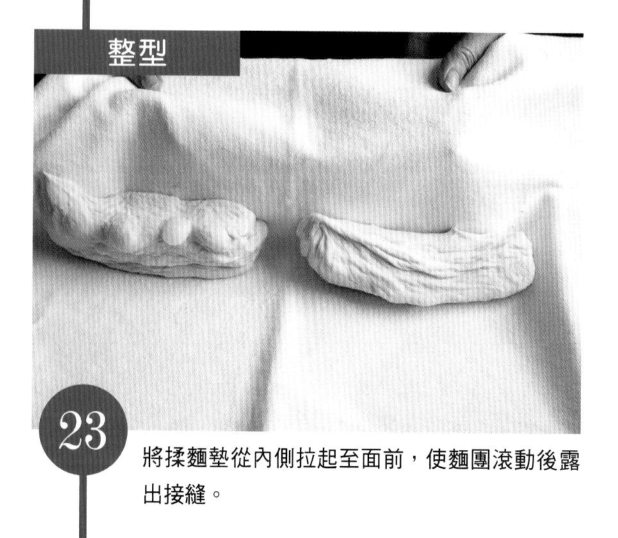

23

將揉麵墊從內側拉起至面前，使麵團滾動後露出接縫。

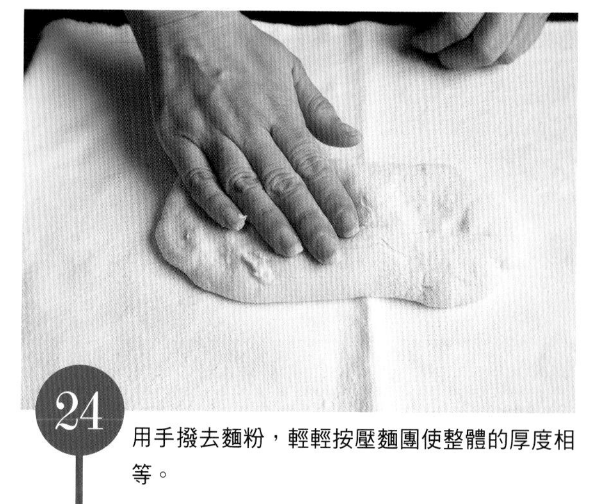

24

用手撥去麵粉，輕輕按壓麵團使整體的厚度相等。

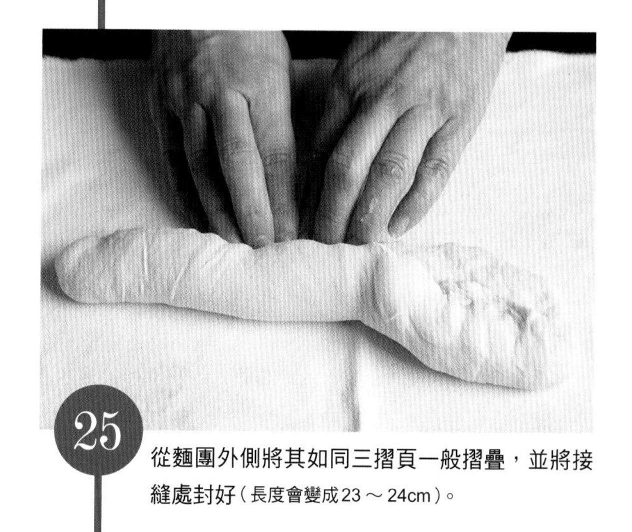

25

從麵團外側將其如同三摺頁一般摺疊，並將接縫處封好（長度會變成23～24cm）。

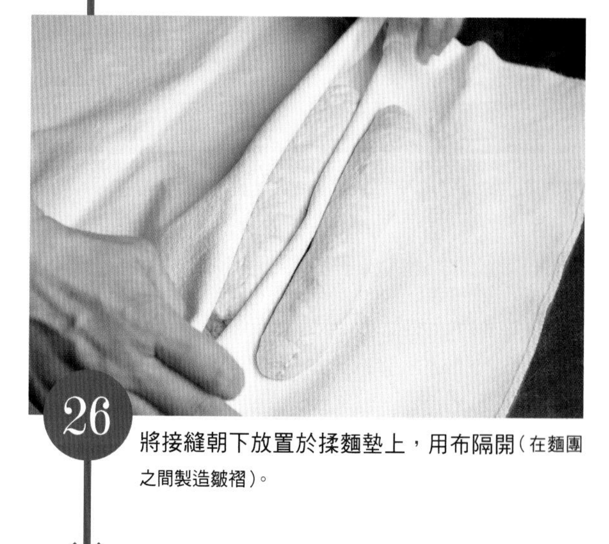

26

將接縫朝下放置於揉麵墊上，用布隔開（在麵團之間製造皺褶）。

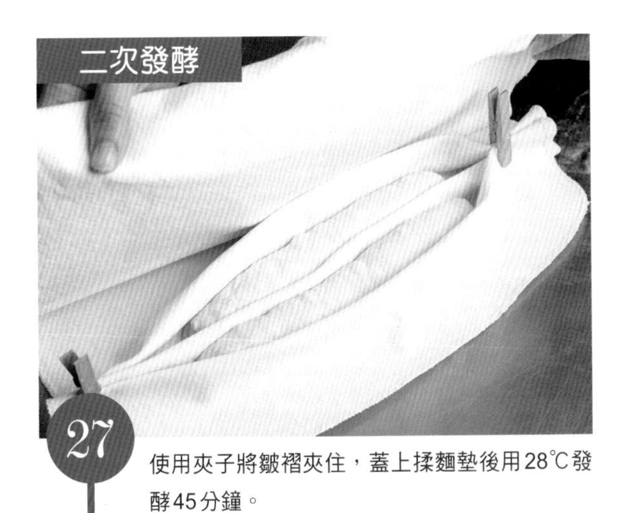

27

使用夾子將皺褶夾住，蓋上揉麵墊後用28℃發酵45分鐘。

發酵後會變成原本的1.5倍大。

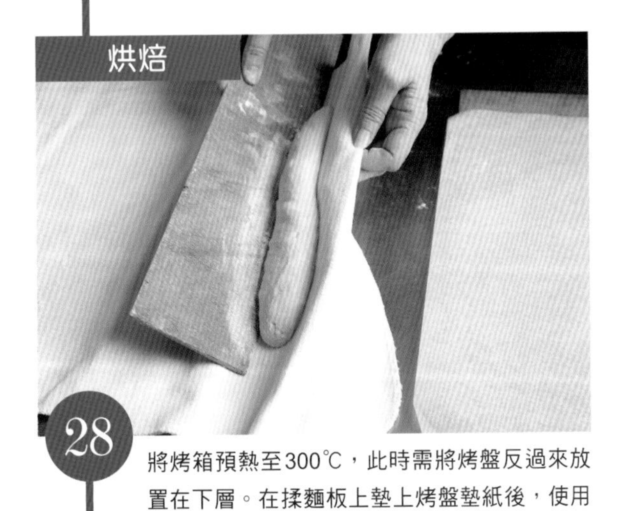

28

將烤箱預熱至300℃，此時需將烤盤反過來放置在下層。在揉麵板上墊上烤盤墊紙後，使用細長木板（移動板）將麵團移動至其上。

29

用濾網撒上手粉。

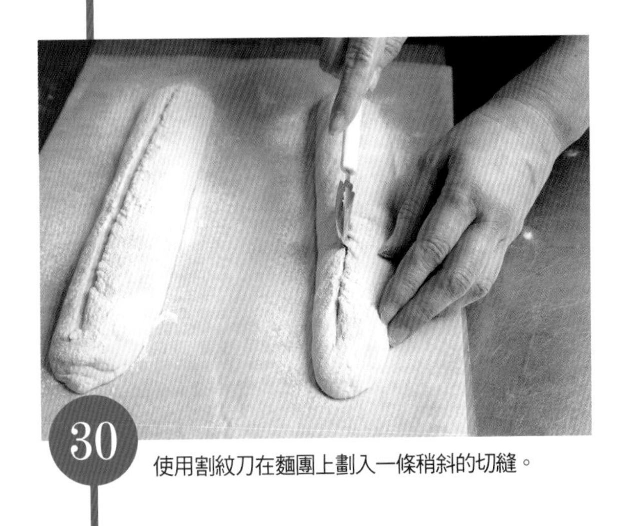

30

使用割紋刀在麵團上劃入一條稍斜的切縫。

31

讓麵團與烤盤墊紙直接滑上28提到的烤盤（保持反過來的狀態）。用300℃烘焙7分鐘（開啟蒸氣）後，再使用250℃烘烤13分鐘（關閉蒸氣）。

夏威夷豆
奶油細繩麵包

想像著電影院的鹽味奶油爆米花做出的麵包。
夏威夷豆在法國麵包的麵團內滾來滾去。
因為烘焙前包入含鹽奶油，富含鹽與奶油的風味。

材料 4支份

基本的長棍麵包麵團（參考p.13）	1份
夏威夷豆	28顆
奶油（含鹽）	20g
手粉（準高筋麵粉）	適量

事前準備

○ 將奶油細切成3mm塊狀。

製作方法

1 照著基本的長棍麵包麵團步驟1～16（參考p.14～p.17）製作相同的麵團。

2 分割／在基本步驟19時，將放置在台上的麵團測量後用刮板分成四等份。步驟20～22則繼續相同做法。

3 整型／將接縫處朝上放置，用手按壓麵團使其伸長至18cm。

4 每個約5g的麵團，正中間都直線置入含鹽奶油，並個別放入7個夏威夷豆ⓐ。

5 從外側將麵團往自己方向對摺，並將接縫處封好ⓑ。

6 於托盤上撒上手粉，並用5均勻沾附ⓒ。

7 將6置於揉麵墊上，滾動它使長度伸長至22cm。

8 用布隔開麵團，並於其上覆蓋揉麵墊。

9 二次發酵／用28℃進行35分鐘的發酵。

10 烘焙／跟製作長棍麵包一樣預熱烤箱，手法與28的步驟相同。之後用300℃烘焙7分鐘（開啟蒸氣）後，再使用250℃烘烤9分鐘（關閉蒸氣）。

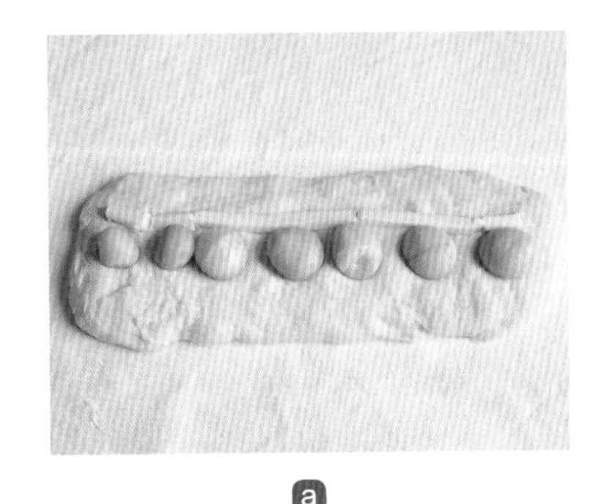

ⓐ

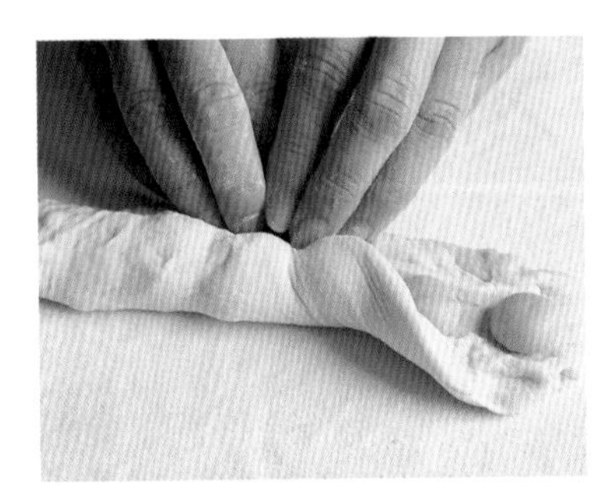

ⓑ

ⓒ

德式香腸與
顆粒芥末醬的麥穗麵包

與德式香腸十分相配的顆粒芥末醬取到畫龍點睛的效果。
在法語中「épi」是麥穗的意思，
所以我們在這邊也在麵團上切割出與麥穗相似的紋路。

材料 4支份

基本的長棍麵包麵團(參考p.13)	1份
德式香腸(長條形)	4根
顆粒芥末醬	4小匙
熟白芝麻	適量
手粉(準強力粉)	適量

製作方法

1. 照著基本的長棍麵包麵團步驟1～16(參考p.14～p.17)製作相同的麵團。
2. 分割／在基本步驟19時，將放置在台上的麵團測量後用刮板分成4等份。步驟20～22則繼續相同做法。
3. 整型／將接縫處朝上放置，用手按壓麵團使其伸長至20cm。
4. 將1小匙的顆粒芥末醬塗在麵團中央，放上德式香腸。
5. 用稍微附著在德式香腸上的感覺將麵團從兩端封起a，再從正中間開始封往兩側將香腸整個包覆。其餘的麵團也用同樣方式處理。
6. 將接縫朝下後排列於烤盤墊紙上。
7. 使用噴霧器噴上水份b後，再撒上白芝麻。
8. 用剪刀等間隔的剪出5處。每剪出1處時先不要拿起剪刀，讓麵團左右交錯倒向不同方向c。
9. 在其上方覆蓋揉麵墊。
10. 二次發酵／用28℃進行35分鐘的發酵。
11. 烘焙／跟製作長棍麵包一樣預熱烤箱，手法與28的步驟相同。之後用300℃烘焙7分鐘(開啟蒸氣)後，再使用250℃烘烤9分鐘(關閉蒸氣)。

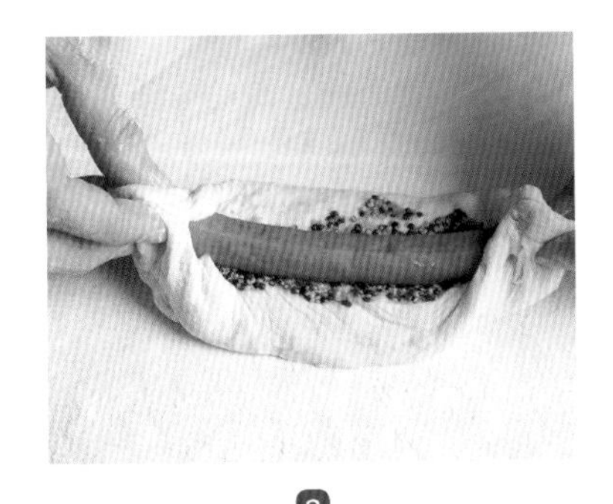
a

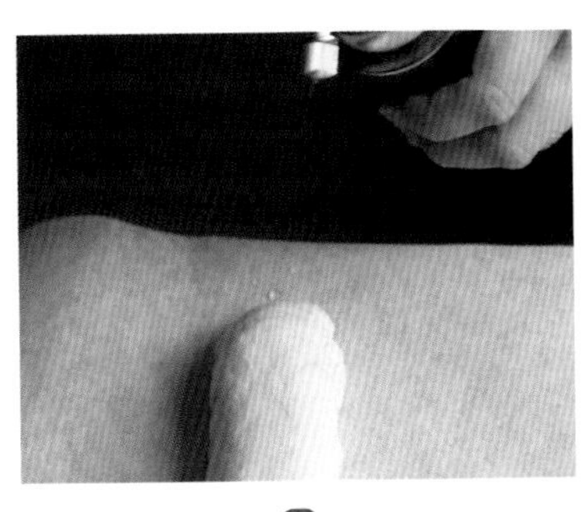
b

c

煙燻起司與
蒔蘿的法國麵包

使用以櫻花瓣實實在在煙燻過的起司。
因為使用的起司尺寸小，可感受到濃郁的起司風味。
蒔蘿與起司不僅是絕配，也很適合搭配葡萄酒。

材料 4支份

基本的長棍麵包麵團（參考p.13）	1份
煙燻起司	100g
蒔蘿（只使用葉尖）	6支
刨下的帕瑪森起司	60g

事前準備

○ 將煙燻起司切成5mm塊狀。

製作方法

1. 照著基本的長棍麵包麵團步驟1～16（參考p.14～p.17）製作相同的麵團。
2. 分割／在基本步驟19時，將放置在台上的麵團測量後用刮板分成四等份。步驟20～22則繼續相同做法。
3. 整型／將接縫處朝上放置，用手按壓麵團使其伸長至20cm。
4. 將12.5g的煙燻起司於麵團中央靠外側處一字排開，並在外側到面前的⅓處摺回麵團後封好a。
5. 在接縫處放上12.5g的煙燻起司與1又½支份量的蒔蘿b，將麵團對摺緊緊地封好。其餘的麵團也用同樣方式處理。
6. 在托盤上放置帕瑪森起司，一邊使5均勻沾附一邊從中央向左右扭轉c。
7. 置於烤盤墊紙上並用紙隔開麵團，再用夾子夾住皺褶部分d，蓋上揉麵墊。
8. 二次發酵／用28℃進行35分鐘的發酵。
9. 烘焙／跟製作長棍麵包一樣預熱烤箱。將烤盤墊紙移動至木板上，取下夾子後攤平皺褶處再放入烤箱中。然後使用300℃烘焙7分鐘（開啟蒸氣）後，再使用250℃烘烤9分鐘（關閉蒸氣）。

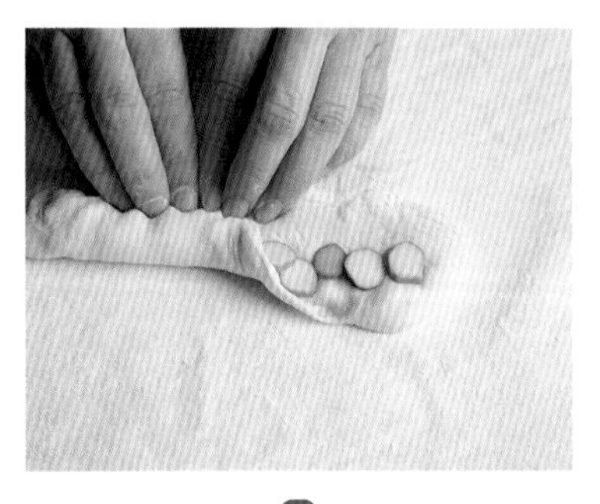

a

b

c

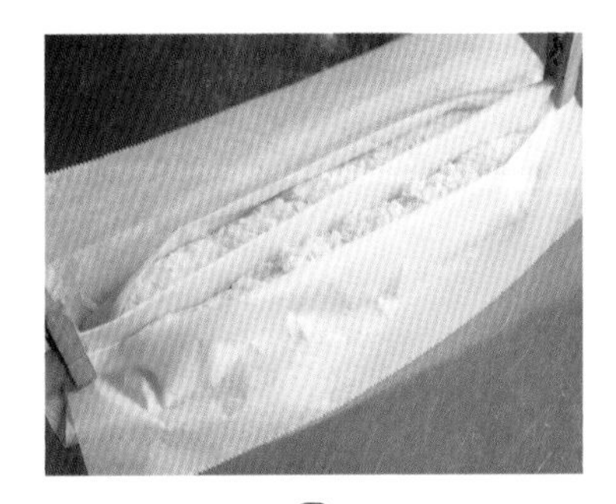

d

試著使用
長棍麵包
來製作三明治吧！

芬香的外皮與口感輕盈的麵包內餡，不論搭配什麼樣的食材都是絕配。此處介紹的是使用1整支長棍麵包做出味道清爽&濃厚的三明治食譜。

煙燻鮭魚與酸奶油

材料與製作方法 長棍麵包½支

將長棍麵包從側面切開，塗上2小匙的酸奶油。之後將煙燻鮭魚3片與葡萄柚（粉紅）三瓣交叉擺放，並灑上1支份的蒔蘿葉尖及少許粉紅胡椒。

費城牛肉起司三明治

材料與製作方法 長棍麵包½支

先將長棍麵包從側面切開。接著用中火加熱平底鍋後倒入少許橄欖油、洋蔥（切成3mm寬的薄片）⅛顆與青椒（切成細條）½顆後翻炒。稍微逼出水份後加入牛的紅肉薄片75g，翻炒至肉色改變。加入BBQ醬（番茄醬2又¼小量匙＋豬排醬1小匙＋蜂蜜1小匙＋刨下的大蒜少許＋粗磨黑胡椒少許）後再度進行翻炒。當整體都沾附上醬汁後加入20g的高達起司薄片，等到其融化再關火夾入麵包中。

HONEY GRAIN

榮德

我曾在美國的餐館內見過歡喜地吃著甜甜黑麥麵包的小孩子們，那時就決定要做出可端上早晨餐桌的香甜穀物麵包。請務必與牛奶一起食用。

高橋

我非常喜歡黑麥麵包，因為它香氣很棒！除了喜歡黑麥麵包的人，此食譜也適合推薦給不喜歡的人。這個食譜雖然材料多但做法很簡單，也可以應用在很多地方。先做出一般的麵包，再試著挑戰製作燕麥棒及奶油乳酪燕麥棒吧。

蜂蜜雜糧麵包

製作完成為止
預計花費時間

1日

香甜的黑麥麵包。

使用裸麥麵粉。一口咬下，黑麥的甜味及其富有深度的味道會在口中散開。

店裡製作時使用複數的酵母，使嚼勁與酸味提升。

「Bluff Bakery」的 烘焙比例

材料	比例
type110bio(法國產有機石臼研磨麵粉)	15%
飛鯨麵粉	40%
博肯(太陽製粉石臼研磨裸麥麵粉)	25%
混合穀物mix	19%
可可粉(菲荷林)	1%
新鮮酵母(遠東US)	1.2%
蓋朗德海鹽	2.2%
紅糖	9%
自家製酵母	20%
潘娜朵尼酵母	10%
蜂蜜	6%
吸水率	63%

我是想像著早餐餐桌上的穀物麵包做出這款麵包的。蜂蜜與紅糖的扎實甜味再加上使用礦物質較多的全麥麵粉或裸麥麵粉製造味道深度，因此成品擁有豐富風味。

家中的 材料 2支份

材料	份量
高筋麵粉(海洋)	100g
細磨裸麥麵粉(溫哥蘭德)	62g
混合穀物	47g
細粉全麥麵粉	38g
可可粉	3g
紅糖	22g
蜂蜜	15g
蓋朗德海鹽	5g
強力即發酵母	3g(1小匙)
水	175g
手粉(高筋麵粉)	適量

由於店裡的食譜內有不少較難以取得的麵粉，所以更換成易於在家庭中使用且容易購買的麵粉。為了讓食譜可輕鬆製作，我盡可能地減少材料，所以不使用潘娜朵尼酵母與自家製酵母。

<使用製麵包機製作> 依序放入水→麵粉→其它材料→強力即發酵母材料到容器內，使用「攪拌模式」攪拌6分鐘。之後移動到步驟13的一次發酵處，往後繼續製作。

攪拌

1 在調理盆內放入足量的水，並將清單內材料從第一個依序放入盆內，直到強力即發酵母。

＊水的溫度請參考p.9。

2 使用刮板攪拌全部材料。

3 看不見水份後，用切割麵團的感覺繼續攪拌。

4 結成一塊後，取出並放置於台上。

5 用刮板把麵團切一半。

6 重疊並按壓麵團。

7
重複50次5～6的動作。
＊一開始麵團會沾附在台上，但會漸漸變得好處理。

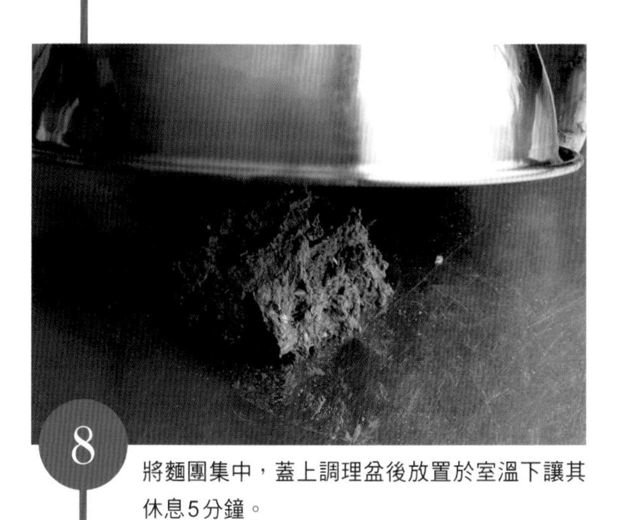

8
將麵團集中，蓋上調理盆後放置於室溫下讓其休息5分鐘。

9
用手掌根部將麵團從面前向外側摩擦台面使其伸長，重複3次。

10
用刮板集中麵團。

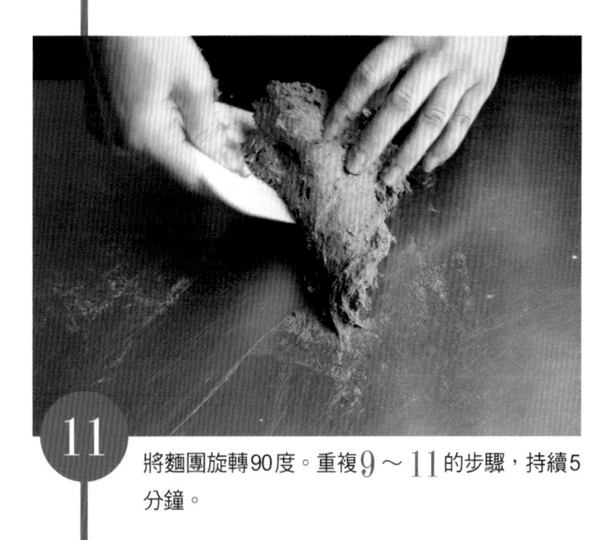

11
將麵團旋轉90度。重複9～11的步驟，持續5分鐘。

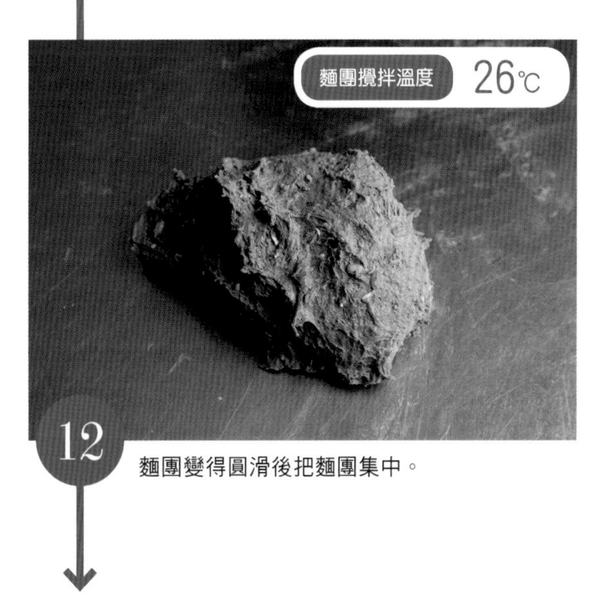

12
麵團變得圓滑後把麵團集中。

一次發酵

13 放入調理盆後蓋上浴帽，用30℃發酵50分鐘。

發酵後的麵團，體積為原先的1.7倍。

分割

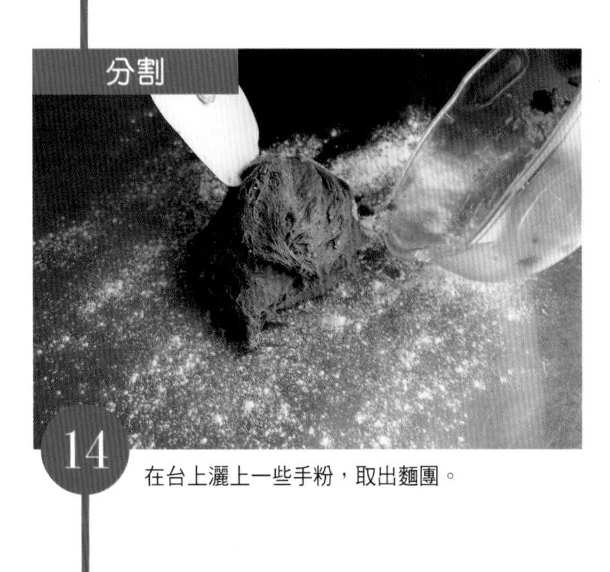

14 在台上灑上一些手粉，取出麵團。

15 測量麵團後用刮板分成2等分。

16 用手輕壓調整麵團形狀。

17 將麵團從外側摺回，摺至中央靠面前一點的地方。

18 從面前摺至外側，讓麵團在中央部分稍有重疊。

19 再從外側對半摺回面前。

20 把接縫處牢牢壓緊。另一個麵團也同樣進行16～20的步驟。

鬆弛時間

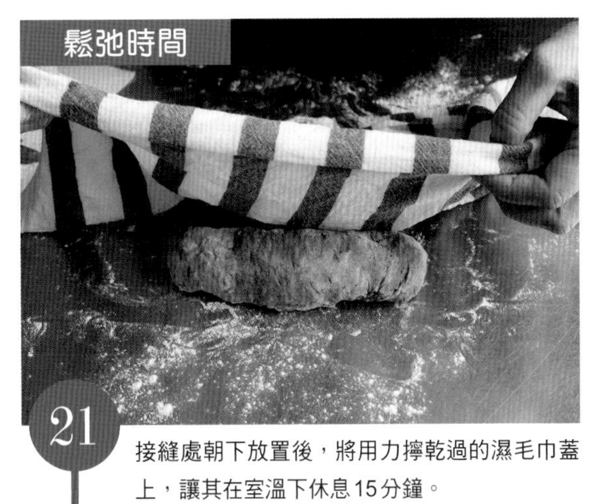

21 接縫處朝下放置後，將用力擰乾過的濕毛巾蓋上，讓其在室溫下休息15分鐘。

15分鐘後。

整型

22 把接縫朝上放置，用手輕壓調整麵團形狀。

23 將麵團從外側摺回，摺至中央靠面前一點的地方。

24 從面前摺至外側，讓麵團在中央部分稍有重疊。

25 再從外側對半摺回面前。

26 把接縫處牢牢壓緊。另一個麵團也同樣進行22～26的步驟。

27 將裸麥麵粉（不含在材料內）撒在麵團與台子上。

28 滾動麵團使其均勻沾附，並使各個麵團伸長至22cm。

29 將接縫朝下放置於揉麵墊上，用布隔開(在麵團之間製造皺褶)後再蓋上揉麵墊。

二次發酵

30 用30℃發酵40分鐘。大小會變成原本的1.5倍。

烘焙

31 將烤箱預熱至230℃，此時需將烤盤反過來放置在下層。

32 在揉麵板上墊上烤盤墊紙後，使用細長木板(移動板)將麵團移動至其上。

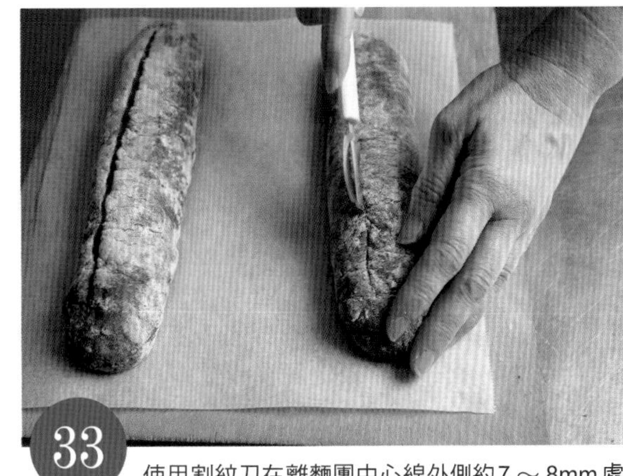

33 使用割紋刀在離麵團中心線外側約7～8mm處劃入一條切縫。

34 讓麵團與烤盤墊紙直接滑上步驟31提到的烤盤(保持反過來的狀態)。用230℃烘焙7分鐘(開啟蒸氣)後，再使用230℃烘烤13分鐘(關閉蒸氣)。

燕麥棒

在蜂蜜雜糧麵包的麵團內大量混入腰果及果乾製成的麵包。
因為腰果部分會先烤過引出香味，而蔓越莓乾則會加水讓它回復原狀，
所以可以享受到水果原本擁有的風味。

材料 4支份

基本的蜂蜜雜糧麵包麵團（參考p.29）	1份
胡桃	100g
腰果	50g
蔓越莓乾	50g
手粉（高筋麵粉）	適量

事前準備

- ○ 胡桃與腰果先用150℃的烤箱烘烤15分鐘，冷卻後粗切。
- ○ 在笳籬內置入腰果類及蔓越莓乾，入水後馬上拉起並去除水氣。

a

b

製作方法

1. 照著基本的蜂蜜雜糧麵包的麵團步驟1～12（參考p.30～p.31）製作相同的麵團。
2. 將準備好的腰果類與蔓越莓的其中一半散在台子上，把麵團放在其上後，再於麵團上放上剩餘的腰果類與蔓越莓。
3. 把全部的東西用手按壓混合，再用刮板進行20次「將麵團切半→重疊壓緊a」的動作，讓材料均勻混合。
4. 集中後置於調理盆內。
5. 一次發酵／於調理盆上蓋上浴帽後用30℃發酵50分鐘。發酵後的麵團，體積為原先的1.7倍。
6. 分割／測量麵團後用刮板分成4等分。之後則照著步驟16～21繼續製作。
7. 整型／做法與步驟22～28相同。最後在台上將長度滾成24cm。
8. 置於烤盤墊紙上並用紙隔開麵團，再用夾子夾住皺褶部分b，將用力擰乾過的濕毛巾蓋上。
9. 二次發酵／用30℃進行40分鐘的發酵。
10. 烘焙／將烤箱預熱至230℃，此時需將烤盤反過來放置在下層。
11. 將烤盤墊紙移動至木板上，取下夾子後攤平皺褶。
12. 讓麵團與烤盤墊紙直接滑上步驟10提到的烤盤（保持反過來的狀態）。用230℃烘焙7分鐘（開啟蒸氣）後，再使用230℃烘烤11分鐘（關閉蒸氣）。

奶油乳酪燕麥麵包

想像著小孩子們早上吃的玉米麥片與水果燕麥做出的麵包。
不但香甜也可充分攝取營養。
不只充滿甜味與香氣，蔓越莓的酸味與奶油乳酪更是絕配。

材料 8個份

基本的蜂蜜雜糧麵包麵團（參考p.29）	1份
胡桃	100g
腰果	50g
蔓越莓乾	50g
菲力奶油乳酪（液態）	8個
手粉（高筋麵粉）	適量

事前準備

- ○ 胡桃與腰果先用150℃的烤箱烘烤15分鐘，冷卻後粗切。
- ○ 在篩籬內置入腰果類及蔓越莓乾，入水後馬上拉起並去除水氣。

製作方法

1. 照著基本的蜂蜜雜糧麵包的麵團步驟1～12（參考p.30～p.31）製作相同的麵團。
2. 將準備好的腰果類與蔓越莓的其中一半散在台子上，把麵團放在其上後，再於麵團上放上剩餘的腰果類與蔓越莓。
3. 把全部的東西用手按壓混合，再用刮板進行20次「將麵團切半→重疊壓緊」的動作，讓材料均勻混合。
4. 集中後置於調理盆內。
5. 一次發酵／於調理盆上蓋上浴帽後用30℃發酵50分鐘。發酵後的麵團，體積為原先的1.7倍。
6. 分割／測量麵團後用刮板分成8等分，重新捏成圓形。
7. 鬆弛時間／接縫處朝下放置後，將用力擰乾過的濕毛巾蓋上，讓其在室溫下休息15分鐘。
8. 整型／將接縫處朝下用手壓扁成直徑約8cm的圓形。
9. 翻過來放在手上，把奶油乳酪放置在正中間後壓進麵團中，用像是要將起司包起來的感覺，維持麵團圓度並封起7成左右的麵團ⓐ。
10. 將裸麥麵粉（不含在材料內）撒在調理盆內並均勻塗布於9上。
11. 將接縫處朝下放置於烤盤墊紙上。
12. 二次發酵／用30℃進行40分鐘的發酵。
13. 烘焙／將烤箱預熱至230℃，此時需將烤盤反過來放置在下層。
14. 烘焙前先將麵團翻過來，使其與烤盤墊紙直接滑上步驟13提到的烤盤（保持反過來的狀態）。用230℃烘焙7分鐘（開啟蒸氣）後，再使用230℃烘烤11分鐘（關閉蒸氣）。

ⓐ

來製作與
蜂蜜雜糧麵包
速配的抹醬吧！

擁有黑麥芬香的蜂蜜雜糧麵包。雖然直接吃已經很好吃了，但如果再加上抹醬，好吃的程度可是會倍增的。在此介紹3種不同風味的的抹醬給各位讀者參考。

a. 白花椰菜與明太子

材料與製作方法 易於製作的份量

把¼個白花椰菜分成小瓣後切薄，置入加了鹽的沸水後快速燙過，再放置於笳籬上冷卻。之後再與明太子(去掉薄皮)50g、馬斯卡彭起司30g與橄欖油2小匙一起放入調理盆並攪拌均勻。

b. 豆腐與抹茶

材料與製作方法 易於製作的份量

食物處理機內放入板豆腐(已瀝乾)100g、抹茶6g與蜂蜜33g，攪拌直到質地滑順。

c. 烤棉花糖餅乾風

材料與製作方法 易於製作的份量

在耐熱容器內放入巧克力30g、棉花糖20g(用手撕開三到四個)與1大匙牛奶。接著使用600W的微波爐加熱20秒後攪拌至質地滑順。最後將7～8個完成時要使用的棉花糖排在上方，用烤箱烘烤2分鐘使其表面出現焦痕。

BLUFF BREAD

榮德

產地在北海道的北國之香除了內餡較黃，微微的甜味與黏牙口感也是它的特色。是種很有個性的麵粉，而且極度討厭平凡。這邊要介紹的是，這種有點離經叛道的麵粉才能做出的獨一無二的吐司。

高橋

「吐司裡面竟然不加奶油！」是我一開始最驚訝的點。雖然這麼說來的確是沒有一定要加，但我想大家也不曾這樣想過吧。我覺得應該只有自由且思想奔放的榮德主廚才能想出這樣的食譜。不使用奶油而是加入鮮奶油，使麵包較輕且易於咬斷，食用時味道濃郁且富有深度。但其實最好的地方是非常好製作，很適合改編成家庭製麵包的食譜。除此之外，也來試著使用這種麵團製作葡萄乾吐司與Bluff風格紅豆麵包吧。

Bluff吐司

製作完成為止
預計花費時間

1日

此麵包誕生的契機是因為我想要使用日產小麥製作出最好吃的土司。
除了使用可讓麵包Q彈且散發出乳香味的北國之香麵粉，
為了讓麵包易於咬斷，不是使用奶油而是改成加入鮮奶油。

「Bluff Bakery」的

烘焙比例

北國之香	100%
白脫牛奶粉	2%
燕子牌冷凍半乾酵母 金	0.7%
糖粉	5%
琉球島鹽	2%
蜂蜜	5%
鮮奶油（乳脂肪含量35%）	15%
吸水率	70%
麥芽	0～0.3%

以「使用代表日本的北國之香製出世界上最好吃的吐司」為理念開發出的麵包。為了製造鬆脆度（鬆脆的口感），使用了不會影響鮮奶油與麥香的酵母。另外為了使每天食用此麵包也不會感覺到膩，加入糖粉與蜂蜜讓它出爐時的甜度與餘韻保持著絕妙平衡。

家中的

材料 一斤吐司模（一磅）1個份

高筋麵粉（北國之香）	250g
白脫牛奶粉	5g

＊將製作奶油時出現的乳清製成的粉狀物體，沒有的話也可以用脫脂奶粉取代。

糖粉	10g
蜂蜜	10g
琉球島鹽	5g
強力即發酵母	2g（⅔小匙）
水	175g
鮮奶油	38g
手粉（高筋麵粉）	適量

因為此食譜中，北國之香是最重要的，所以我也毫不猶豫地選擇了北國之香。不使用奶油，而是加入鮮奶油的部分也使用跟店裡相同做法，製出的吐司口感跟一般的吐司很不一樣。確實地進行攪拌是製作時的重點。

<使用製麵包機製作> 依序放入水→麵粉→其它材料→強力即發酵母等材料到容器內，使用「攪拌模式」攪拌8分鐘。之後移動到步驟18的一次發酵處往後繼續製作。

攪拌

1 在調理盆內放入定量的水與鮮奶油後，將混有白脫牛奶粉的麵粉置入。

＊水的溫度請參考p.9。

2 接著按照順序將糖粉到強力即發酵母為止的材料倒入盆內。

3 使用刮板攪拌全部材料。

4 看不見水份後，用切割麵團的感覺繼續攪拌。

5 結成一塊後，取出並放置於台上。

6 用刮板把麵團切一半。

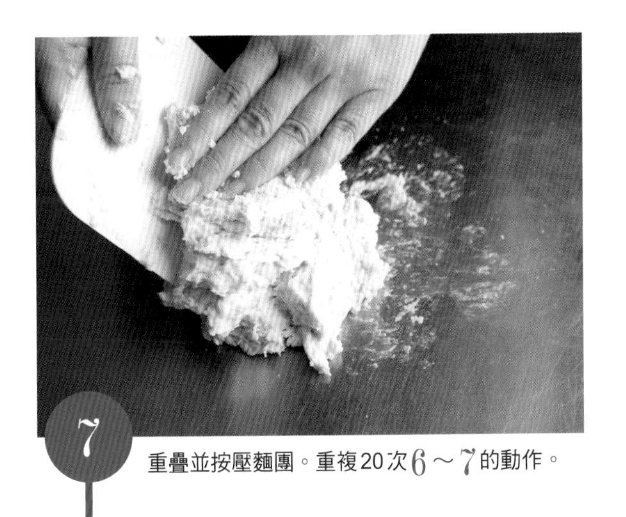

7 重疊並按壓麵團。重複20次6～7的動作。

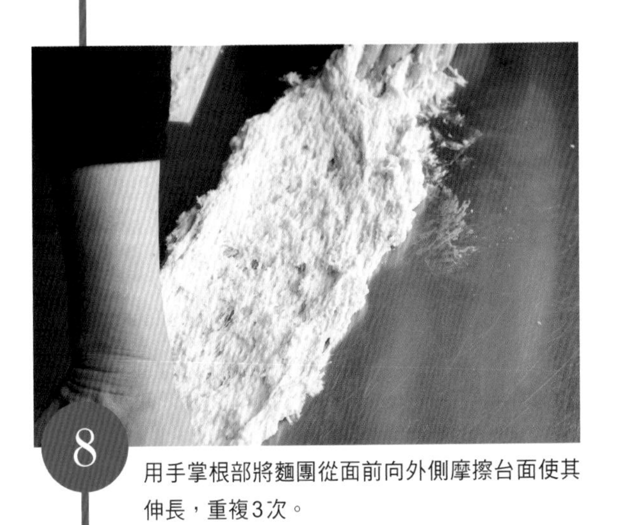

8 用手掌根部將麵團從面前向外側摩擦台面使其伸長，重複3次。

9 用刮板集中麵團。重複2～3次8～9的動作。

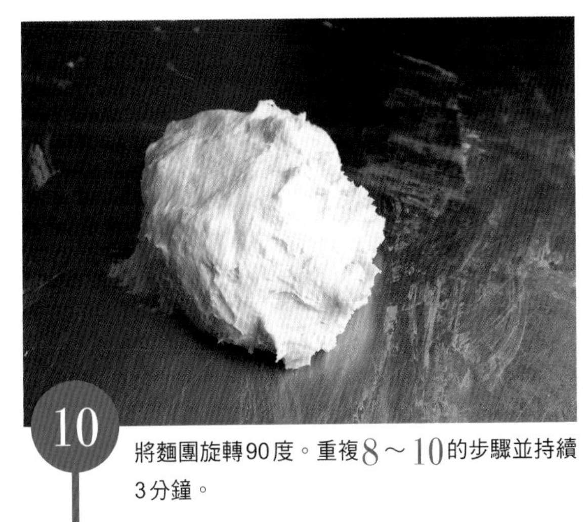

10 將麵團旋轉90度。重複8～10的步驟並持續3分鐘。

11 將麵團集中，蓋上調理盆後放置於室溫下讓其休息5分鐘。

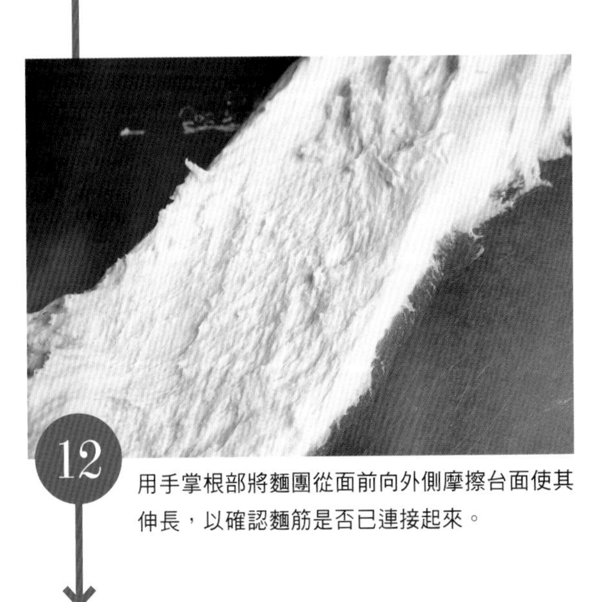

12 用手掌根部將麵團從面前向外側摩擦台面使其伸長，以確認麵筋是否已連接起來。

13

把麵團集中為一塊後，用手抓起並摔往台面。

＊為了不要讓抓住麵團的手敲到台子，只將麵團扔往斜前方。

14

對摺。

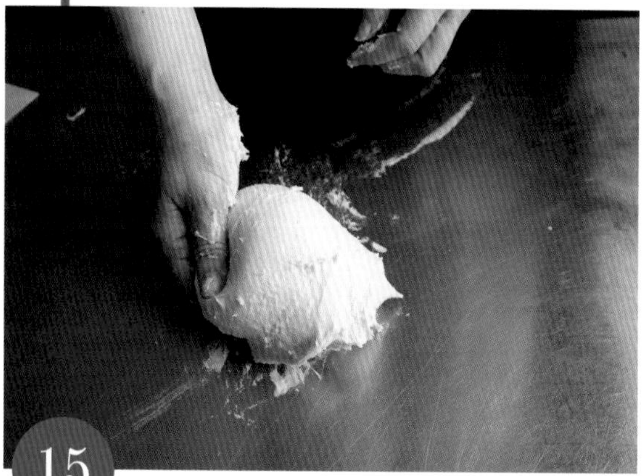

15

將麵團旋轉90度後改變抓取的位置，再用13～14的動作揉捏麵團。

16

重複13～15的動作並持續8分鐘。

17

麵團變得圓滑後把表面的麵團盡量往下側塞入，使其表面緊實。

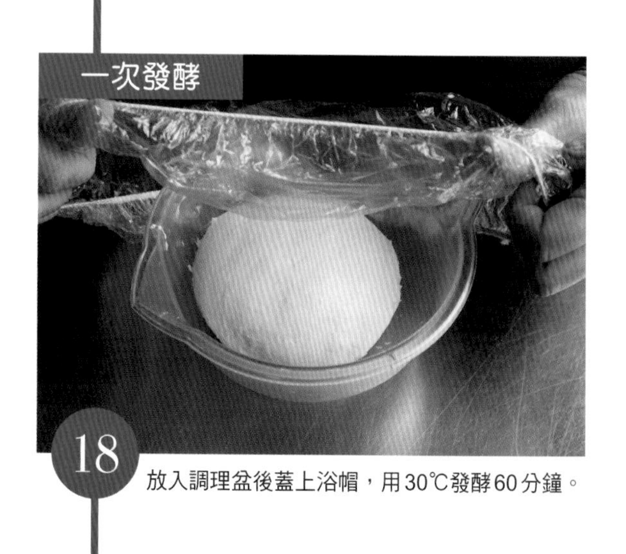

18

放入調理盆後蓋上浴帽，用30℃發酵60分鐘。

發酵後的麵團，體積為原先的1.7倍。

19

用刮板沿著調理盆的邊邊轉一圈並分離麵團，再將其置於台上。

翻麵

20

一邊將表面的麵團盡量往下側塞入使其表面緊實，一邊旋轉麵團直到轉了一圈。

21

放回調理盆後蓋上浴帽，用30℃發酵30分鐘。

發酵後的麵團，體積會變成1.9倍。

分割

22

將麵團置於揉麵墊上，測量麵團後用刮板分成3等分。

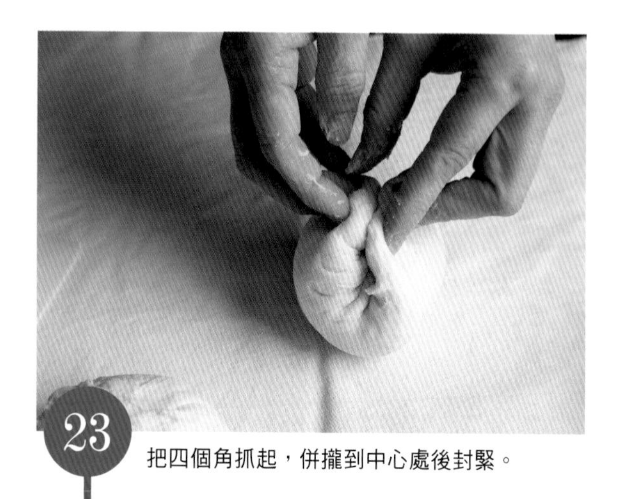

23 把四個角抓起，併攏到中心處後封緊。

24 一邊轉圈一邊將麵團抓往中央併攏並封緊。其餘的麵團也同樣進行23～24的動作。

鬆弛時間

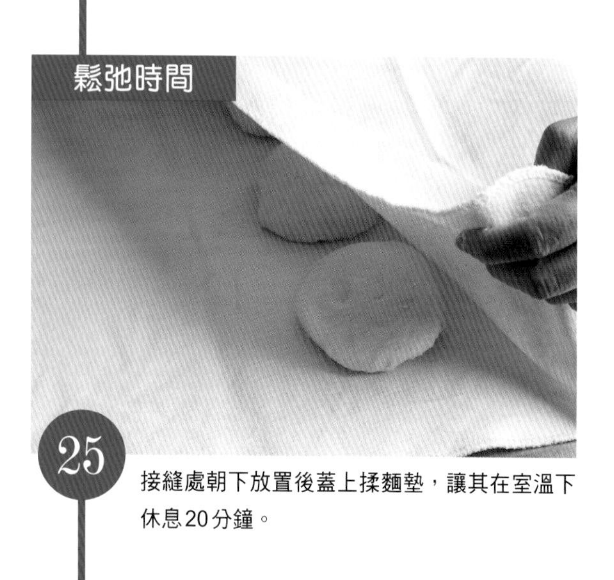

25 接縫處朝下放置後蓋上揉麵墊，讓其在室溫下休息20分鐘。

20分鐘後。

整型

26 先在揉麵墊上輕輕灑上一些手粉後，把接縫朝上放置，用擀麵棍擀成13cm的方形。

＊從麵團正中央用擀麵棍向左右及上下擀開就能漂亮完成。

27 從外側捲回面前，每次捲動時加點勁道使麵團表面緊實。捲完後用手指確實地封緊。

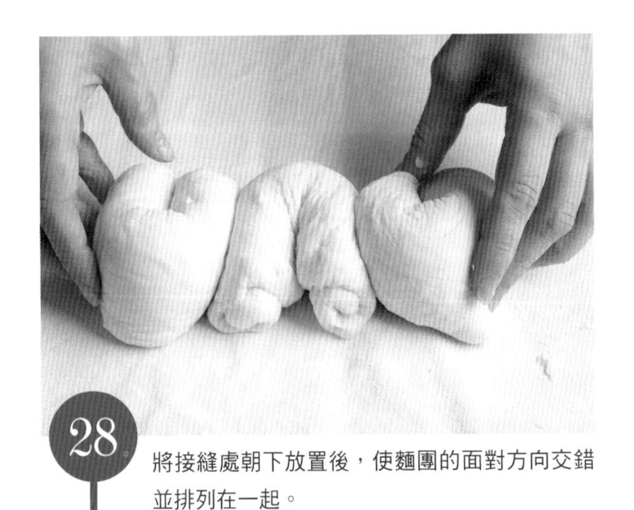

28 將接縫處朝下放置後，使麵團的面對方向交錯並排列在一起。

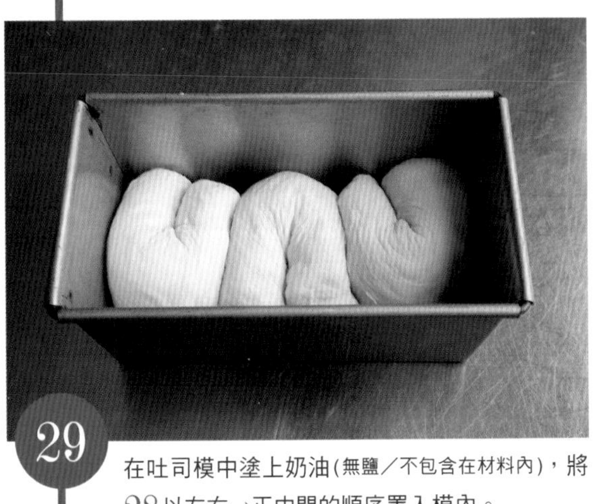

29 在吐司模中塗上奶油(無鹽／不包含在材料內)，將28以左右→正中間的順序置入模內。

二次發酵

30 蓋上浴帽後用30℃發酵50分鐘。

發酵後的大小會占滿吐司模的8成。

烘焙

31 蓋上蓋子。

32 將其放進已預熱至190℃烤箱，用190℃烘焙30分鐘(關閉蒸氣)。烤好之後將吐司模上下顛倒置於網子上，放置1分鐘。最後趁網子還沒在麵包上留下印子前上下翻動並使之冷卻。

＊因為吐司底部會烤得較硬，所以先讓底部的蒸氣發散出去。

葡萄乾吐司

混入蒸過變軟的葡萄乾製成的吐司。
切成厚片後塗上含鹽奶油再食用，風味絕佳。

材料 一斤吐司模（一磅） 1個份

基本的Bluff吐司麵團（參考p.43）	1份
葡萄乾	100g
手粉（高筋麵粉）	適量

事前準備

○ 將葡萄乾置入耐熱容器內，再放入已經冒出蒸氣的蒸籠蒸燙10分鐘後放涼。

製作方法

1 照著基本的Bluff吐司的麵團步驟1～17（參考p.44～p.46）製作相同的麵團。

2 將準備好的葡萄乾的其中一半散在台子上，把麵團放在其上後再於麵團上放上剩餘的葡萄乾。

3 把全部的東西用手按壓混合，再用刮板進行20次「將麵團切半→重疊壓緊」的動作，讓材料均勻混合。

4 集中後置於調理盆內。之後照著基本製作方法18～21的動作繼續製作。

5 分割／置於揉麵墊上，測量麵團並用刮板分成2等分後，重新搓成圓形。

6 鬆弛時間／接縫處朝下放置後蓋上揉麵墊，讓其在室溫下休息20分鐘。

7 整型／先在揉麵墊上輕輕灑上一些手粉後，把接縫朝上放置，用擀麵棍擀成約14×7cm的長方形。

8 將左右的麵團摺向中央並使其稍微重疊a。

9 從面前將麵團捲至外側b。

10 將接縫處朝下放置後，把捲完的部分各別朝向外側c，放入已塗上奶油（無鹽／不包含在材料內）的吐司模中。

11 二次發酵／蓋上浴帽後用30℃發酵60分鐘。

12 烘焙／將其放進已預熱至190℃的烤箱，用190℃烘焙30分鐘（開啟蒸氣）。烤好之後將麵包從吐司模中取出放冷。

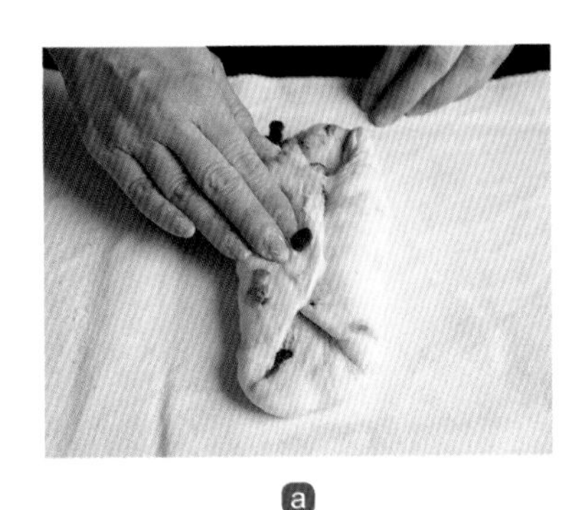

a

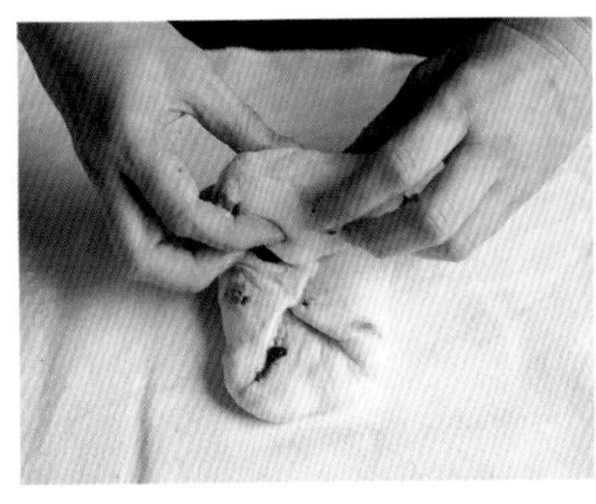

b

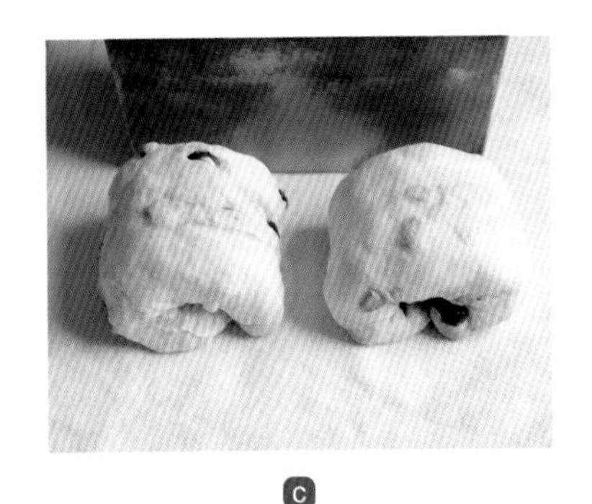

c

Bluff風格紅豆麵包

雖然使用基本的Bluff吐司麵團製成，但是麵團與紅豆餡的平衡很難拿捏。
但我發現烘焙時加入油脂與鹽可以使麵團與紅豆餡取得平衡，
就這樣誕生出了無法想像是以吐司麵團製成，令人嘖嘖稱奇的紅豆麵包。

材料 12個份

基本的Bluff吐司麵團(參考p.43)	1份
顆粒紅豆餡(市售品)	300g
莫爾登粗鹽	適量
橄欖油	適量
手粉(高筋麵粉)	適量

事前準備

○ 將顆粒紅豆餡每25g捏成一個球形。

製作方法

1 照著基本的Bluff吐司的麵團步驟1～21(參考p.44～p.47)製作相同的麵團直到一次發酵為止。

2 分割／置於揉麵墊上，測量麵團並用刮板分成12等分後，各別搓成圓形。

3 鬆弛時間／接縫處朝下放置後，將用力擰乾過的濕毛巾蓋上，讓其在室溫下休息15分鐘。

4 整型／先在揉麵墊上輕輕灑上一些手粉後，把接縫朝上放置，用手指壓成8cm的圓形。這時要讓中央較厚，用手指推開邊緣的麵團使邊緣變薄伸長ⓐ。

5 將紅豆餡放在麵團上方，一邊集中周圍的麵團一邊包起內餡ⓑ後，把接縫處封緊ⓒ。

6 在烤盤放上烤盤墊紙後，將包好的麵團接縫朝下排列在其上。

7 二次發酵／將用力擰乾過的濕毛巾蓋上後用30℃發酵50分鐘。

8 烘焙／用毛刷在表面塗上橄欖油，並於中心放置一小撮鹽巴。

9 放進已預熱至220℃烤箱，用220℃烘焙10～12分鐘(關閉蒸氣)。烤好後在麵包還有溫度時，再塗上一層橄欖油。

ⓐ

ⓑ

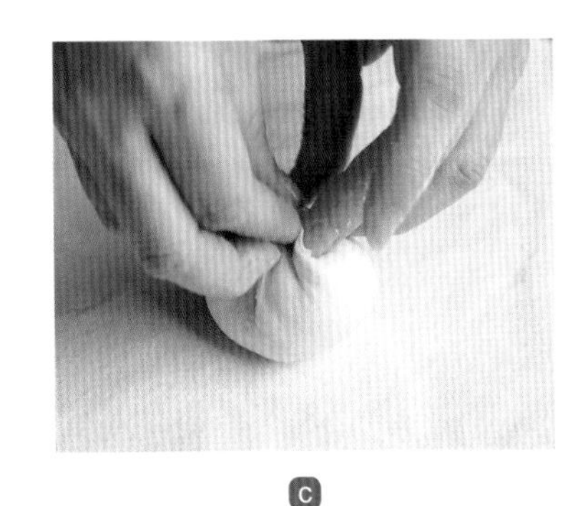

ⓒ

使用Bluff吐司來製作吐司三明治吧！

吐司可以說是三明治最基本的麵包了。此處要介紹的是隨處可見的雞蛋三明治，以及光是夾入市售的花生醬與果醬，就很美味的三明治食譜。

雞蛋三明治

材料與製作方法　1個份

將2個水煮雞蛋（用沸水煮8分鐘後，再置入冷水中冷卻）剝殼用叉子切成四塊。另外將½支醃小黃瓜（市售品）從縱向對半切後，再隨意切碎。加入1大匙的蛋黃醬後，混合並夾入切成1cm厚度的2片Bluff吐司內。最後用烤盤墊紙包起，並用菜刀對半切。

花生醬&果醬三明治

材料與製作方法　1個份

準備2片切成1cm厚度的Bluff吐司，一邊塗上2大匙花生醬，另一邊塗上2小匙樹莓果醬後，將塗有果醬的面合在一起。

CINNAMON ROLL

榮德

早上飄來一股肉桂的香味。那是因為我之前曾住過的房子一樓有那間有名的「Cinnabon」(美國的連鎖麵包店，以肉桂捲聞名)店面。那個巨大且厚重的肉桂捲就是代表美國的經典麵包，當然在「Bluff Bakery」你也吃得到。

高橋

我也是在美國才吃到口感較扎實的肉桂捲，完全命中我的喜好。可以應用這種麵團來製作蘋果肉桂捲和甜甜圈也非常令人開心。尤其是做出來的甜甜圈不太會吸油，真是太棒了！能在家裡做出這種甜甜圈真是令人歡喜。加上巧克力淋醬或抹茶淋醬的話，可以做出的種類會變得更多更廣。

肉桂捲

製作完成為止
預計花費時間

1日

想像著美國的肉桂捲製成，並且盡量不使其過輕。
因為使用了風味較強的麵粉，不只需避免攪拌得太過，也盡量減少了酵母的量。
加上奶油乳酪糖霜後，便完成了一款富含嚼勁的麵包。

「Bluff Bakery」的

烘焙比例

飛鯨麵粉	50%
T-65 葛蘿拉麵粉（法國產小麥）	30%
FS（日本製粉 低筋全麥麵粉細粉）	20%
新鮮酵母（遠東US）	2%
紅糖	15%
琉球島鹽	2%
細緻海藻糖	1%
酵素	0.5%
老麵（ISERNHÄGER）	5%
自家製酵母	5%
奶油（無鹽）	10%
牛奶	30%
吸水率	20%

厚重且黏糊的口感是美國肉桂捲的特色。靠著粗磨麵粉與酵母的使用方式，我做出了一種很好咬斷但擁有黏糊口感的麵包。重點是在不多攪拌的情況下製出擁有一定程度重量的麵團。

家中的

材料　8個直徑8cm圓形塔圈的份

高筋麵粉（海洋）	125g
高筋麵粉（夢的力量混合麵粉）	75g
低筋麵粉（Ecriture）	50g
紅糖	37g
蜂蜜	12g
琉球島鹽	5g
奶油（無鹽）	25g
強力即發酵母	1.5g（½小量匙）
水	62g
牛奶	75g
手粉（高筋麵粉）	適量
肉桂糖粉（參考p.58）	全量
糖霜（參考p.58）	適量

店裡的食譜中出現了很多一般家庭難取得的麵粉，所以我都換成比較好購買的麵粉。新鮮酵母保存期限很短所以換成強力即發酵母，其它像是老麵或自家製酵母都不是家庭製麵包常見的東西，所以我們也不使用。因為製作方法有個要點是「一定程度的扎實攪拌」，這邊使用水合法（將水與麵粉混合後先放置30分鐘的製法，可以先引出小麥粉本身擁有的力量。），使得在家裡也能普通地做出目標中的麵團。但此食譜內把休息30分種改為休息15分鐘，減少了等待的時間。

<使用製麵包機製作>　依序放入水→麵粉→其它材料→強力即發酵母等材料到容器內，使用「攪拌模式」攪拌15分鐘。之後移動到步驟14的一次發酵處往後繼續製作。

事前準備

- ○ 將奶油切成1cm塊狀，並讓其溫度回到常溫。
- ○ 製作肉桂糖粉。將紅糖25g、肉桂粉3g與少量肉荳蔻混合在一起。
- ○ 製作糖霜。食物處理機內放入奶油乳酪(菲力)50g、奶油(無鹽)30g與糖粉75g後攪拌至質地滑順。

攪拌

1 在調理盆內放入定量的水與牛奶後加入麵粉。
＊水的溫度請參考p.9。

2 接著按照順序將紅糖到強力即發酵母為止的材料倒入盆內。

3 使用刮板攪拌全部材料。

4 看不見水份後，用切割麵團的感覺繼續攪拌。

5 結成一塊後，取出並放置於台上。

6

用刮板把麵團切一半。

7

重疊並按壓麵團。重複50次6～7的動作。

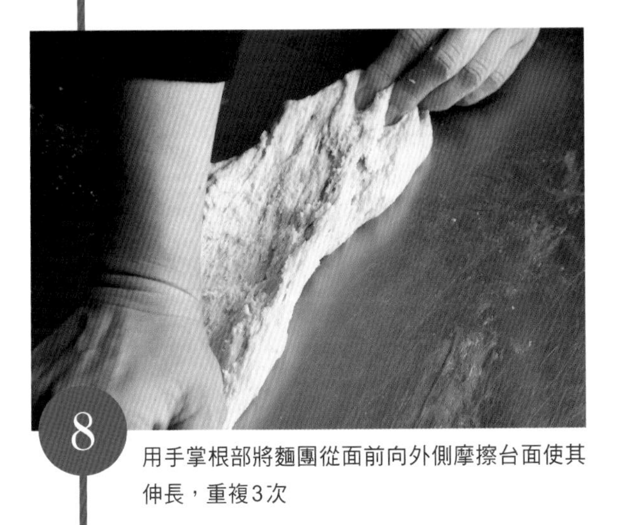

8

用手掌根部將麵團從面前向外側摩擦台面使其伸長，重複3次

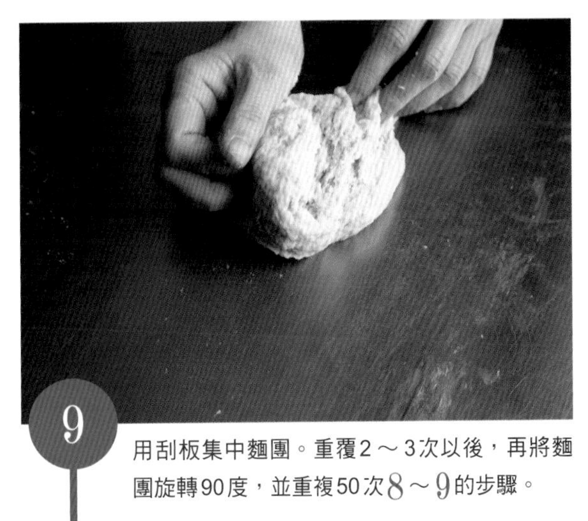

9

用刮板集中麵團。重覆2～3次以後，再將麵團旋轉90度，並重複50次8～9的步驟。

10

將麵團集中，蓋上調理盆後放置於室溫下讓其休息15分鐘。

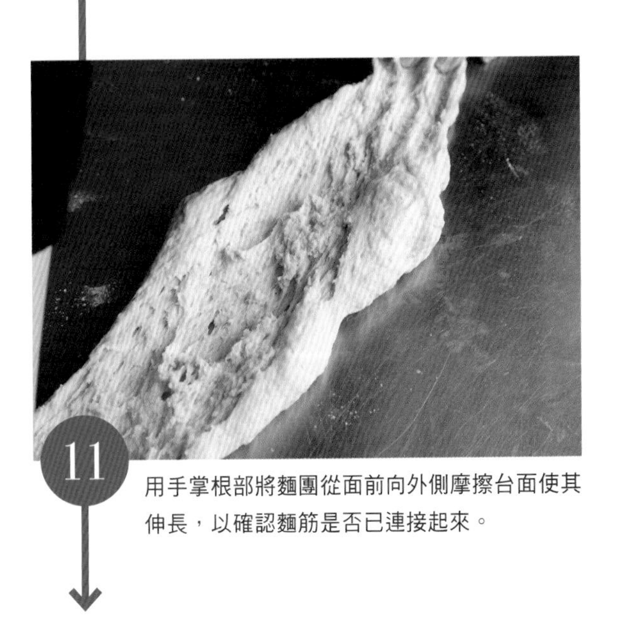

11

用手掌根部將麵團從面前向外側摩擦台面使其伸長，以確認麵筋是否已連接起來。

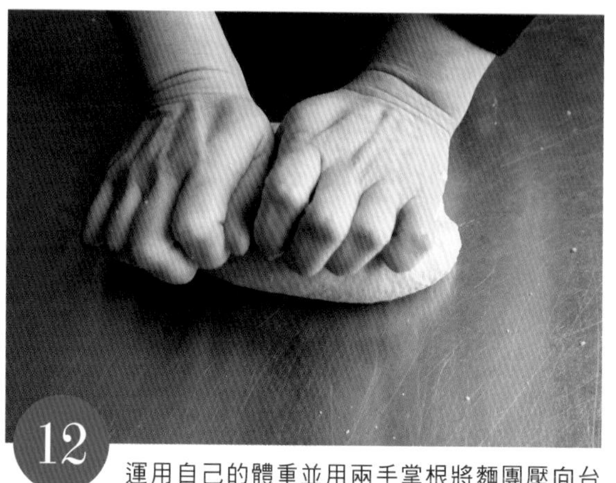

12 運用自己的體重並用兩手掌根將麵團壓向台面，搓揉整體麵團5分鐘。

13 麵團變得圓滑後收緊表面並把麵團集中。

一次發酵

14 放入調理盆後蓋上浴帽，用30℃發酵45分鐘。

發酵後會變成原本的1.7倍大。

整型

15 先在台子上輕輕灑上一些手粉後，用刮板沿著調理盆的邊邊轉一圈並分離麵團，再將其置於台上。用擀麵棍擀成約30×22cm的長方形。

16 除了面前3cm左右的麵團以外，其餘全部塗上肉桂糖粉。

17 從外側慢慢地捲回面前。

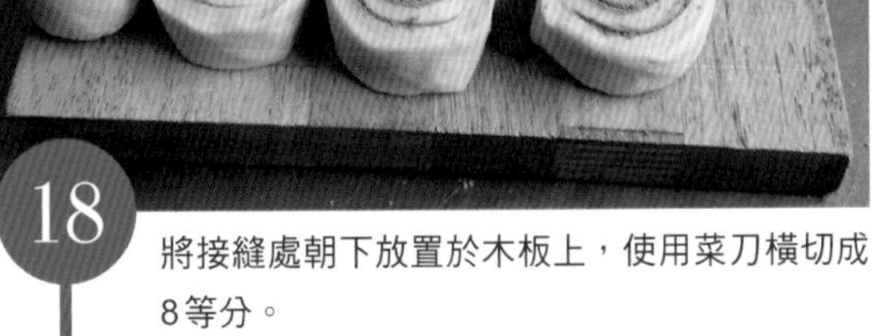

18 將接縫處朝下放置於木板上，使用菜刀橫切成8等分。

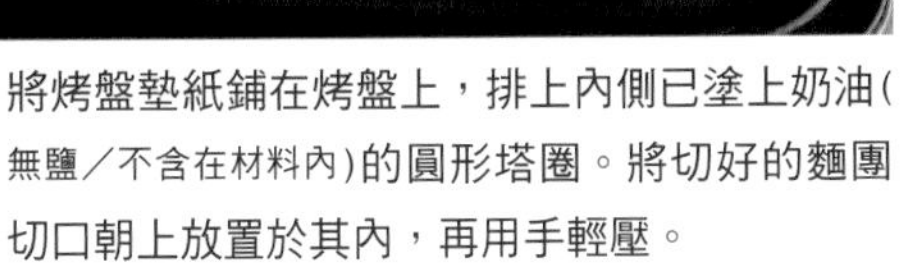

19 將烤盤墊紙鋪在烤盤上，排上內側已塗上奶油(無鹽／不含在材料內)的圓形塔圈。將切好的麵團切口朝上放置於其內，再用手輕壓。

二次發酵

20 隨意蓋上保鮮膜後，用30℃發酵60分鐘。

發酵後會變成原本的1.5倍大。

烘焙

21 將其放進已預熱至190℃的烤箱，用190℃烘焙16分鐘(關閉蒸氣)。烤好之後將麵包放在網子上冷卻，依自己的喜好塗上糖霜。

LE COQ TOQUÉ!
100% PUR JUS
POMME
menthe verte
onjou

蘋果肉桂捲

肉桂捲的麵團內夾入蘋果後製成的一種麵包。
收尾時在上頭淋的不是奶油乳酪，而是可以引導出蘋果風味的翻糖（軟糖淋醬），
這樣可以將美味封在裡面。

材料 8個直徑8cm圓形塔圈的份

基本的肉桂捲麵團（參考p.57）	1份
肉桂糖粉（參考p.58）	全部
糖煮蘋果	全部
翻糖	適量

事前準備

◯製作糖煮蘋果。先將1個蘋果削去皮與芯，切成1cm塊狀。然後在耐熱容器內放入蘋果、糖粉60g、水100g與¼顆檸檬汁並且隨意蓋上保鮮膜，用600W的微波爐加熱2分鐘放冷。使用前再移到笳籬內瀝乾水份。

製作方法

1. 照著基本的肉桂捲的麵團步驟1～16（參考p.58～p.60）製作相同的麵團。
2. 整型／於展開的麵團上塗上肉桂糖粉，並將已去掉水份的糖煮蘋果遍布各個角落ⓐ。
3. 從外側慢慢地將麵團捲回面前ⓑ。之後照著基本製作方法18～21為止的動作繼續製作。
4. 使用步驟21進行烘培後，將麵包放在網子上冷卻。
5. 製作翻糖／於調理盆內放入糖粉100g與熱水20g後，攪拌直到質地滑順。
6. 抓著4並將其上面朝下，將5沾滿表面ⓒ。
7. 將沾有翻糖的面朝上排列於烤盤墊紙上後晾乾。

ⓐ

ⓑ

ⓒ

三種甜甜圈

將基本的肉桂捲麵團製成甜甜圈。
為了不讓內裡吸附油脂，使用較難吸收的米糠油。
製作好的甜甜圈再配上巧克力或抹茶可以使其更有變化。

材料 5個份

原味

基本的肉桂捲麵團(參考p.57)	1份
發粉	2.5g
米糠油	適量
糖粉	適量

巧克力淋醬

將適量的巧克力放入湯鍋煮化，再淋上已瀝乾油脂的甜甜圈，最後趁巧克力尚未凝固前撒上適量的巧克力米。

抹茶巧克力淋醬

將適量的巧克力放入湯鍋煮化，再淋上已瀝乾油脂的甜甜圈，最後趁巧克力尚未凝固前用濾網撒上適量的抹茶。

製作方法

1. 攪拌／在調理盆內放入定量的水與牛奶後加入已混入發粉的麵粉。之後照著基本製作方法2～11 (參考p.58～p.59) 為止的動作繼續製作。
   ＊水的溫度請參考p.9。於麵團內加入發粉可使內部產生小氣泡，油炸時較難吸附油脂。
2. 於步驟12時揉捏麵團8分鐘後，繼續進行13～14的動作。
3. 整型／在步驟15時先在揉麵墊上輕輕灑上一些手粉後，用擀麵棍將麵團擀成20×20cm的大小。
4. 用直徑8cm的圓形塔圈挖出5個麵團ⓐ，再用直徑3cm的圓形塔圈把中心挖空ⓑ。
5. 將麵團各別放置在預先切割好的10cm方形烤盤墊紙上，蓋上保鮮膜。並使用與步驟20相同的做法進行二次發酵。
6. 烘培＝油炸／掀開保鮮膜後放置於室溫下5分鐘，晾乾麵團的表面。
   ＊只要摸上去的時候不黏手即可。表面乾燥時比較不容易吸附油脂。
7. 在鍋子內倒入米糠油，加熱到170℃。將麵團連同烤盤墊紙一起放入油鍋後，用料理筷撕下墊紙。
8. 單面油炸1分鐘並變成金黃色後，翻面再油炸1分鐘。
9. 置於網子上瀝掉附著的油脂，並趁熱均勻撒上糖粉。

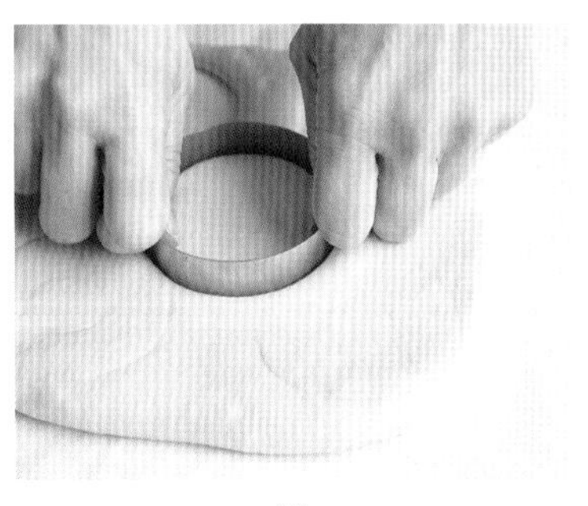

ⓐ

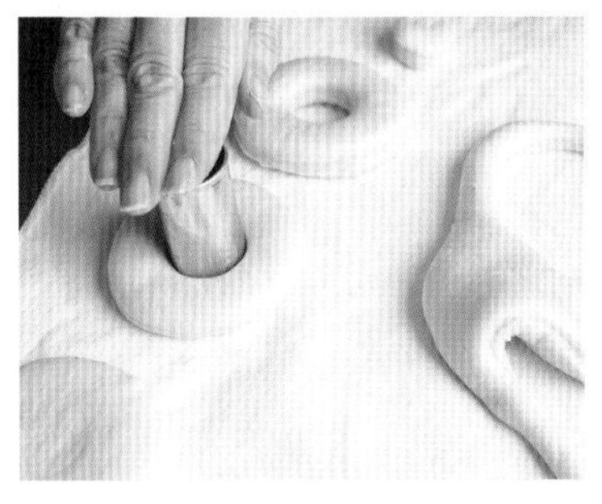

ⓑ

用剩餘的甜甜圈麵團來製作！

此附贈食譜使用模具挖出所需部份後剩餘的麵團製作。一個是將正中間挖掉後的麵團拿來製作甜甜圈球，另一個則是將周遭剩餘的麵團放進奶油圓蛋糕模具內烘焙出的猴子麵包。這兩個的做法都很簡單。

猴子麵包

材料與製作方法　1個份

將甜甜圈製作方法4（參考p. 65）挖掉麵團後剩餘的邊角切割成小塊後，與肉桂糖粉一起放入調理盆內並均勻塗布。然後將其放入內側已塗上奶油（無鹽）的小型奶油圓蛋糕模（直徑14. 2×高度8cm）內並進行二次發酵（用30℃發酵60分鐘）。最後將其放進已預熱至190℃烤箱烘烤20分鐘（關閉蒸氣）。烤好之後從模具拿出麵包並放涼。

甜甜圈球

材料與製作方法　1個份

於甜甜圈製作方法步驟4（參考p. 65）從中心挖掉的麵團部份，製作方法與原味甜甜圈相同。

BRIOCHE

榮德

義大利的潘娜朵尼超・好・吃。我把那時記憶中的味道與法國的布里歐混合，做出了這個食譜。雖然這種麵包與柑橘系列的水果或葡萄乾簡直是絕配，但不知為何跟可可成分較高的巧克力或酸味較重的草莓實在不怎麼搭。

高橋

酵母使用到潘娜朵尼實在是有點難以下手，但沒想到用了之後竟然可以跟專業麵包師的食譜味道這麼接近！ 我不由得感動了起來。用潘娜朵尼酵母從中種開始製作後再進入製作主麵團的作業，如果一步步踏實地跟著步驟製作的話，可以做出高出一個檔次的麵包。請務必試著製作看看。只要做出這種麵團，接下來就可以應用到製作蜂巢麵包、義大利麵包、小布里起司麵包、發酵鮮奶油麵包與柳橙麵包等各種種類的麵包上。

蜂巢麵包（布里歐麵團）

製作完成為止
預計花費時間
2日

因為奶油的風味與杏仁香氣廣受大眾歡迎。
使用可將義大利麵包起源的味道簡單加入麵團內的潘娜朵尼酵母
慢慢發酵後，製成布里歐麵團。

「Bluff Bakery」的

烘焙比例

中種

百合花麵粉（日清製粉）	10%
帆船麵粉（日本製粉）	20%
潘娜朵尼酵母	6.5%
糖粉	3%
蛋黃	10%
牛奶	20%

主麵團

帆船麵粉	70%
酵素	0.3%
糖粉	12%
琉球島鹽	1.8%
檸檬皮屑	1%
蜂蜜	2%
蛋黃	20%
牛奶	35%
發酵奶油（無鹽）	58%

使用整顆蛋的法國布里歐麵包吃起來很乾，為了符合日本人的味蕾，特地將其改成使用蛋黃與牛奶。另外，因為使用潘娜朵尼酵母的關係，味道被潘娜朵尼酵母的乳酸菌孕育出的清爽風味影響，變得富有層次。

家中的

材料　6個份

中種

高筋麵粉（山茶花）	50g
準高筋麵粉（百合花）	25g
牛奶（常溫）	50g
蛋黃	25g
糖粉	8g
潘娜朵尼酵母	16g

＊將義大利麵包起源的風味成分磨成粉末後再混入強力即發酵母中的製品。可在烘焙材料行購得。

主麵團

高筋麵粉（山茶花）	175g
糖粉	30g
蜂蜜	5g
琉球島鹽	5g
檸檬皮屑	2g
牛奶	95g
蛋黃	50g
奶油（無鹽／切成1cm塊狀後冷藏）	100g

蛋液	適量
奶油（無鹽／切成5cm塊狀）	30g
杏仁片	20g
糖粉	1大匙
手粉（高筋麵粉）	適量

將麵粉更換成可以較快攪拌好的高筋麵粉。另外潘娜朵尼酵母雖然是種平常不會使用的酵母，但使用它可以做出更高等級的麵包。至於如何讓麵團內的麵筋好好連接，重點在於「扎實的攪拌」。看是要摔打揉捏，或使用製麵包機都可以。

◯ 製作中種

攪拌

1 調理盆內放入牛奶及蛋黃後，依序加入麵粉、糖粉與潘娜朵尼酵母。

＊水的溫度請參考p.9。

2 使用刮板攪拌全部，直到看不見水份後取出放置於台上。

3 用手掌根部將麵團從面前向外側摩擦台面使其伸長，重複3次。

<使用製麵包機製作>

依序放入牛奶→蛋黃→麵粉→糖粉→潘娜朵尼酵母等材料到容器內，使用「攪拌模式」攪拌1分鐘（中種）。

4 用刮板集中麵團。做了2～3次以後，再將麵團旋轉90度，並重複3～4的動作1分鐘。

5 集中麵團並放入調理盆後蓋上浴帽，用30℃發酵40分鐘。

◯ 製作主麵團

攪拌

6 調理盆內放入牛奶及蛋黃後，依序加入麵粉、中種、糖粉、蜂蜜、琉球島鹽與檸檬皮屑。

＊水（此處為牛奶）的溫度請參考p.9。

用30℃發酵40分鐘後，再依序加入麵粉、中種、糖粉、蜂蜜、琉球島鹽與檸檬皮屑後，使用「攪拌模式」攪拌10分鐘。接著再加入奶油攪拌（主麵團）5分鐘（如果還有奶油殘留，需多攪拌2分鐘）。接下來再移動至製作步驟24往後繼續製作。

7 使用刮板攪拌全部材料。

8 看不見水份後，用切割麵團的感覺繼續攪拌。

9 結成一塊後，取出並放置於台上。

10 用刮板把麵團切一半後，重疊並按壓麵團。

11 重複50次10的動作。

12 用手掌根部將麵團從面前向外側摩擦台面使其伸長，重複3次。

13 用刮板集中麵團。重複2～3次12～13的動作。

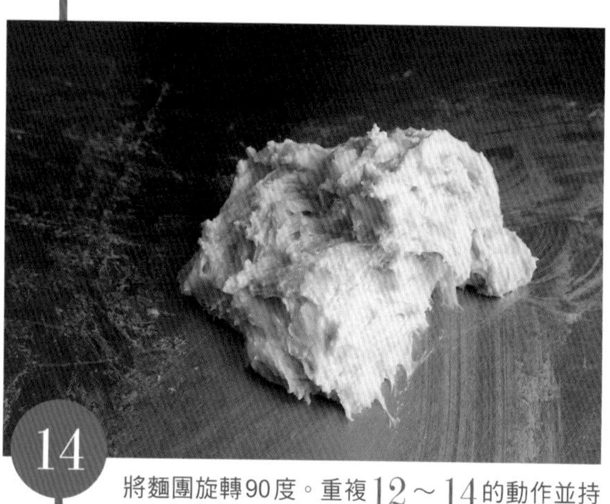

14 將麵團旋轉90度。重複12～14的動作並持續5分鐘。

15 將準備好的其中一半奶油放置於台子上，把麵團放在其上後再於麵團上放上剩餘的奶油。

16 用刮板把麵團切一半。

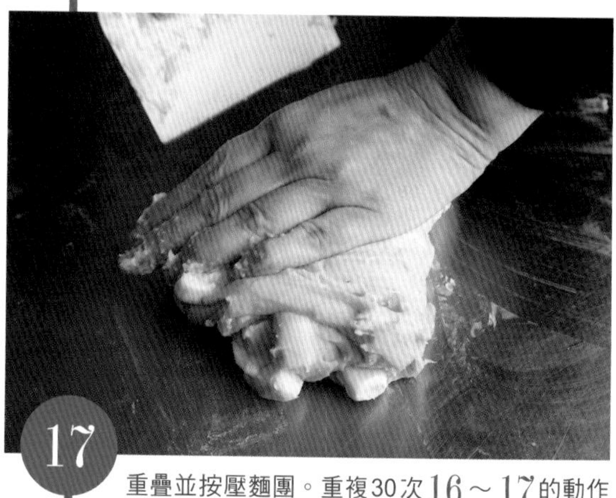

17 重疊並按壓麵團。重複30次16～17的動作讓奶油融入麵團中。

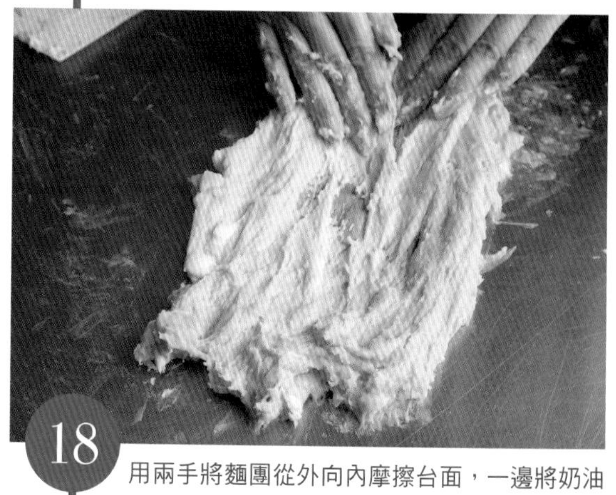

18 用兩手將麵團從外向內摩擦台面，一邊將奶油塊壓碎一邊拉長並搓揉混合。

19
重複18的步驟3～5次後，用刮板集中麵團並將麵團旋轉90度。

20
直到看不見奶油塊為止，不斷重複18～19的動作。

21
把麵團集中為一塊後，用手抓起並摔往台面。
＊為了不要讓抓住麵團的手敲到台子，只將麵團扔往斜前方。

22
對摺。

23
用刮板收起麵團後改變方向並一邊進行21～22的動作10分鐘，等到麵團變得圓滑後再重新集中。

一次發酵

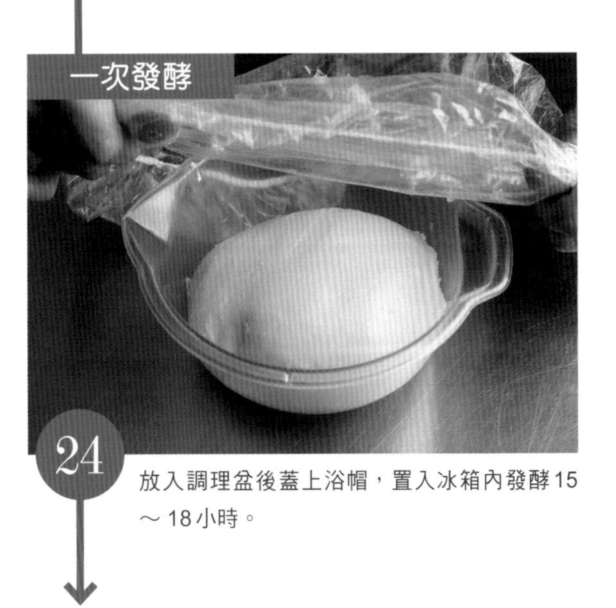

24
放入調理盆後蓋上浴帽，置入冰箱內發酵15～18小時。

發酵後的麵團，體積為原先的1.9倍。

分割

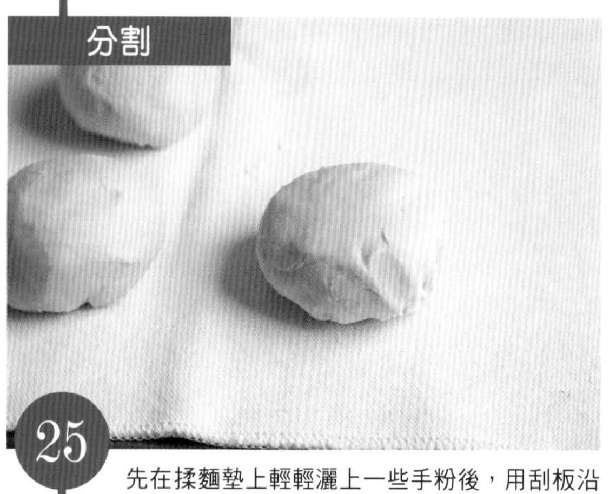

25

先在揉麵墊上輕輕灑上一些手粉後，用刮板沿著調理盆的邊邊轉一圈並取出麵團後，測量麵團並用刮板分成6等分。

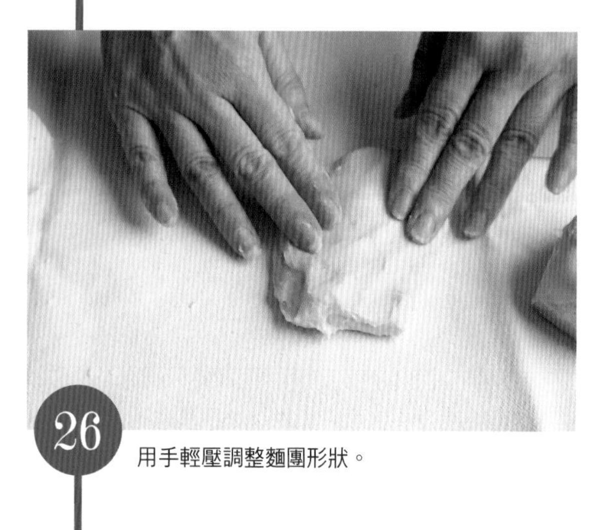

26

用手輕壓調整麵團形狀。

27

把四個角抓起，併攏到中心處後封緊。

鬆弛時間

28

將接縫朝下放置，蓋上揉麵墊後讓其在室溫下休息20分鐘。此為20分鐘後。

整型

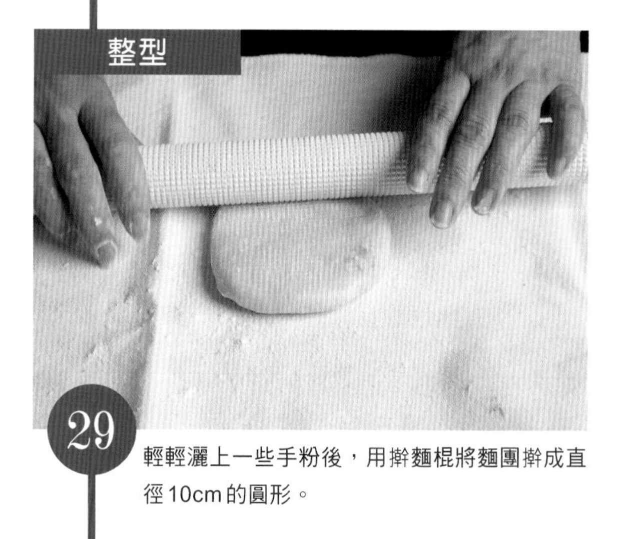

29

輕輕灑上一些手粉後，用擀麵棍將麵團擀成直徑10cm的圓形。

二次發酵

30 在烤盤上鋪上烤盤墊紙並放上麵團後，隨意的蓋上保鮮膜。接著用28℃發酵60分鐘。

發酵後的麵團，體積為原先的1.5倍。

烘焙

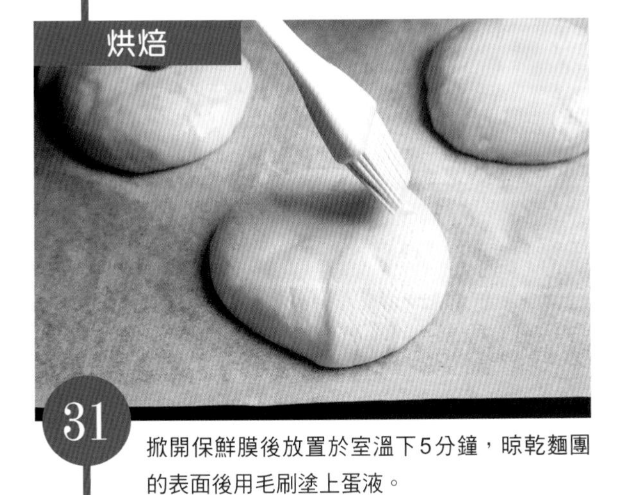

31 掀開保鮮膜後放置於室溫下5分鐘，晾乾麵團的表面後用毛刷塗上蛋液。

32 用手指戳出幾個凹槽。第一排戳出2個、第二排戳出3個，而第三排則戳出2個。

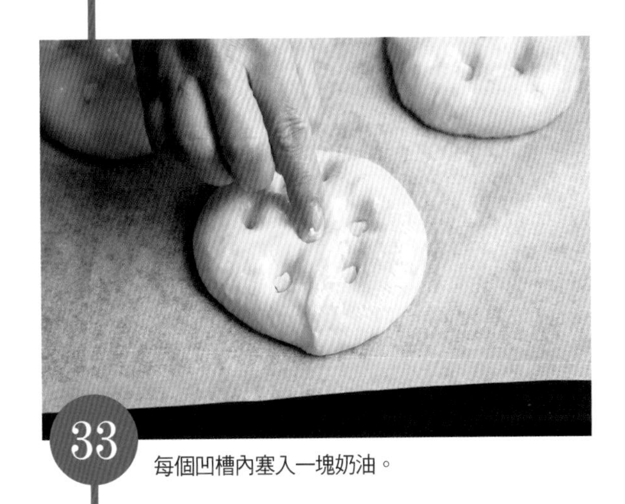

33 每個凹槽內塞入一塊奶油。

34 撒上杏仁片並在每個麵團上灑上½小量匙的糖粉。最後將其放進已預熱至210℃的烤箱，用210℃烘烤12分鐘(關閉蒸氣)。

義大利麵包

義大利的傳統甜點麵包。
為了做出濕潤的口感，雞蛋只使用蛋黃部分，蛋白則使用牛奶取代。
潘娜朵尼酵母的風味與果乾可以說是絕配。

材料 潘娜朵尼紙模3個份

基本的布里歐麵團（參考p.69）	1份
蘭姆葡萄乾	
葡萄乾	100g
蘭姆酒	15g
橙皮（切粒）	60g
馬卡龍糊	
蛋白	15g
杏仁粉	15g
糖粉	15g
糖粉	適量

事前準備

- 製作蘭姆葡萄乾。將葡萄乾置入耐熱容內，再放入已經冒出蒸氣的蒸籠蒸燙10分鐘後加入蘭姆酒並放涼。
- 製作馬卡龍糊。把材料全部攪拌混合。

製作方法

1. 照著基本的布里歐麵團步驟1～23（參考p.70～p.73）製作相同的麵團直到攪拌動作收尾。
2. 將準備好的蘭姆葡萄乾與橙皮的其中一半散在台子上，把麵團放在其上後再於麵團上放上剩餘的蘭姆葡萄乾與橙皮。
3. 把全部的東西用手按壓混合，再用刮板進行20次「將麵團切半→重疊壓緊」的動作，讓材料均勻混合。
4. 一次發酵／放入調理盆後蓋上浴帽，置入冰箱內發酵15～18小時。發酵後麵團大約會變成2倍。
5. 分割・鬆弛時間／於步驟25時用刮板分成3等分，步驟26～28則繼續相同做法。
6. 整型／將麵團重新搓圓後，接縫處朝下放入潘娜朵尼紙模內。
7. 二次發酵／使用28℃發酵150分鐘（2小時半）。
8. 烘焙／使用小型矽膠刮刀在麵團上輕塗一層馬卡龍糊ⓐ。
9. 用濾網撒上大量糖粉ⓑ。
10. 放進已預熱至180℃的烤箱，用180℃烘焙30分鐘（關閉蒸氣）。

ⓐ

ⓑ

小布里麵包

小型布里歐麵包上通常會有被稱為「à tête」的頭形存在，
但要做出這種形狀需要一點技術，
因此此處使用簡單易做的烤模做成小麵包。

材料 布里歐（菊花邊）烤模20個份

基本的布里歐麵團(參考p.69)	1份
蛋液	適量

製作方法

1 照著基本的布里歐麵團步驟1～24(參考p.70～p.74)製作相同的麵團直到一次發酵結束。

2 分割・鬆弛時間／於步驟25時用刮板切割成20等分，步驟26～28則繼續相同做法。

3 整型／將麵團重新搓圓後，接縫處朝下放入內側已塗上奶油(無鹽／不包含材料內)的烤模內。

4 二次發酵／使用28℃發酵60分鐘。

5 烘焙／步驟31也繼續使用相同做法。之後放進已預熱至210℃的烤箱，用210℃烘焙12分鐘(關閉蒸氣)。

發酵鮮奶油麵包

因為其中一項材料是發酵鮮奶油，所以就直接用這個材料命名了。
發酵鮮奶油本身的味道像是富有酸味的優格加上鮮奶油再加上酸奶油的感覺。
此種發酵鮮奶油在法國諾曼第被稱為「crème épaisse」，堪稱經典。

材料 6個份

基本的布里歐麵團（參考p.69）	1份
蛋液	適量
發酵鮮奶油	120g
＊若手邊沒有也可以用酸奶油替代。	
糖粉	1大匙

製作方法

1. 依基本的布里歐麵團步驟1～31（參考p.70～p.75）製作相同的麵團。
2. 於麵團邊緣往內2cm處壓出凹槽ⓐ。
3. 用橡膠刮刀在凹槽內各別塗滿20g的發酵鮮奶油ⓑ。
4. 分別撒上½小量匙的糖粉ⓒ。
5. 放進已預熱至210℃的烤箱，用210℃烘焙12分鐘（關閉蒸氣）。

ⓐ

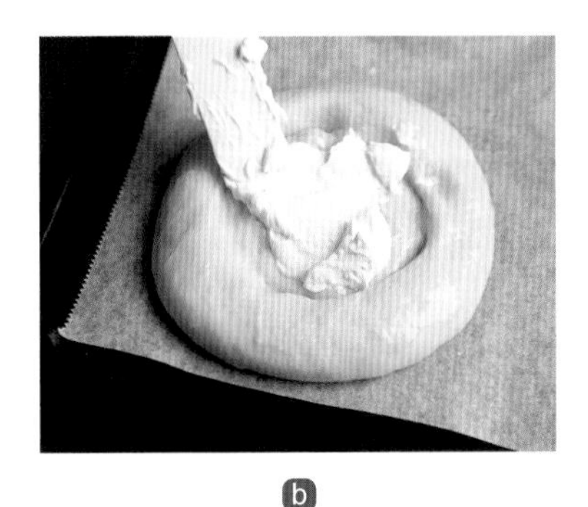

ⓑ

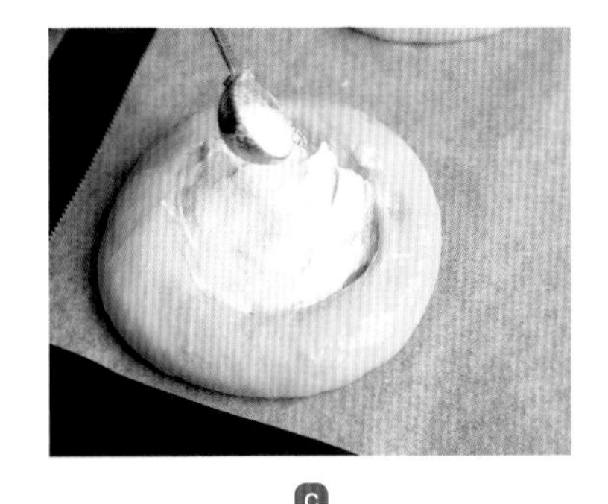

ⓒ

柳橙麵包

於布里歐麵團上鋪上一層卡士達醬後再放上糖漬柳橙烘焙而成的麵包。
因為我們已經很清楚哪些東西適合搭配潘娜朵尼酵母，
像是柑橘類或是葡萄乾都可說是天生絕配。

材料 10個份

基本的布里歐麵團(參考p.69)	1份
蛋液	適量
糖漬柳橙	4片
柳橙	1個
水	100g
糖粉	50g
甜點師奶醬	
蛋黃	1個
糖粉	15g
玉米澱粉	10g
牛奶	100g
柑曼怡	10g

製作方法

1. 照著基本的布里歐麵團步驟1～24(參考p.70～p.74)製作相同的麵團。
2. 分割／於製作方法25時用刮板切割成20等分，步驟26～31則繼續相同做法。
3. 在麵團邊緣往內2cm處塗上蛋液。
4. 將甜點師奶醬均分為所需的量後置於麵團上ⓐ，並各別擺上1片糖漬柳橙後，大力按壓下去ⓑ。之後放進已預熱至210℃的烤箱，並用210℃烘焙12分鐘(關閉蒸氣)。

事前準備

- 製作糖漬柳橙(容易製作的份量)。用粗鹽(不包含在材料內)搓揉清洗柳橙表皮，並切成7mm片狀。在鍋裡放入定量的水與糖粉後開火加熱，糖粉溶化後將柳橙片以放射狀排列置入，並使用烤盤墊紙做成鍋蓋後蓋上。煮開後轉成小火，再煮3分鐘直到柳橙變得有點透明，關火放冷。
- 製作甜點師奶醬。於耐熱調理盆中置入蛋黃與糖粉後，用打蛋器打到變得有點白。玉米澱粉則需要用濾網慢慢加入攪拌，直到看不見粉狀的感覺。牛奶則分2次放入，每次都需好好進行攪拌。隨意蓋上保鮮膜並使用600W的微波爐加熱1分30秒並使用橡膠刮刀粗略混合，掀開保鮮膜加熱1分鐘後再好好地攪拌。之後讓保鮮膜緊附於表面，並使用保冷劑快速降溫。移除保鮮膜並攪拌麵團直至表面變圓滑，再加入柑曼怡進行攪拌。

ⓐ

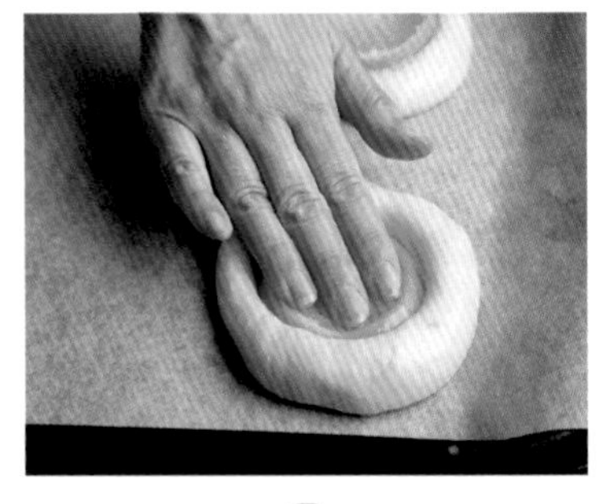

ⓑ

用布里歐麵團做出的麵包來做三明治吧！

用質地甘甜的麵包來製作三明治。此處介紹的是使用小布里麵包與義大利麵包做出的三明治。請盡情享受布里歐麵團製出的麵包所帶來的味覺饗宴吧。

聖托佩塔（左）

材料與製作方法　2個份

將小布里麵包橫向切片，塗上適量的發酵鮮奶油（參考p.81）與樹莓果醬後合在一起。完成時用濾網撒上適量的糖粉。

法式杏仁奶油烤吐司（右）

材料與製作方法　2個份

先準備好4片橫切成1.5cm厚的義大利麵包。其中2片用毛刷刷上蘭姆酒糖漿，剩下2片塗上蘭姆酒糖漿與杏仁奶油後，將塗好的面分別合在一起。再於上方分別塗上蘭姆酒糖漿與杏仁奶油後，用已預熱至200℃的烤箱烘烤10分鐘。

＊1　蘭姆酒糖漿：於小鍋子內放入水30g與糖粉30g後開火加熱，等到溶化之後再關火倒入5g蘭姆酒。

＊2　杏仁奶油：將20g奶油退冰至常溫後打散，加入20g糖粉均勻混合。接著一點點加入20g蛋液並攪拌，並注意不要讓材料分離開來。最後再加入20g杏仁粉均勻攪拌後即完成。

BAGEL

榮德

在紐約，你可以用30元買到一個貝果。但是裡面又夾這個又夾那個的，最後做好的貝果三明治要價300元以上……。這種貝果三明治需要的是易於咬斷的口感。這個，才是「Bluff Bakery」的真正實力！

高橋

我很喜歡紐約的貝果，所以曾吃遍各式各樣的店家。其中感覺與當地最相近的就是「Bluff Bakery」的貝果，好想塗滿奶油乳酪再一口咬下呢。應用肉桂葡萄乾或是洋蔥帕瑪森起司等材料的食譜也非常有紐約的感覺，我十分推薦。

貝果

製作完成為止
預計花費時間

2日

體型稍大的紐約風格貝果。
黏牙卻又易於咬斷為其最大特徵。

「Bluff Bakery」的

烘焙比例

月之魔法・夢的力量100%麵粉(山本忠信商店)	47%
春豐麵粉(指定片岡農園)	40%
海地(太陽製粉石臼研磨裸麥麵粉)	10%
老麵酵母粉(義大利產乾燥粉末酵母)	3%
新鮮酵母(遠東US)	0.6%
琉球島鹽	2%
紅糖	4%
蜂蜜	2.5%
吸水率	51%

盡量減少攪拌量與放入酵母的量是製作此麵包時的重點。麵粉採用適合用於貝果的夢之力量，活用此種麵粉的黏牙口感才有辦法完成這種蘊含美味的麵包。

家中的

材料　3個份

高筋麵粉(夢的力量混合麵粉)	225g
細磨裸麥麵粉(溫哥蘭德)	25g
紅糖	10g
蜂蜜	6g
琉球島鹽	5g
強力即發酵母	0.7g(¼小匙)
水	128g

雖然店裡的食譜使用夢的力量與春豐這兩種麵粉，但我改用將夢的力量與北海道產麵粉以適當比例混合而成的夢的力量混合麵粉(因為在家中製作麵包時，使用的麵粉越少我越覺得開心)。另外新鮮酵母也改成使用強力即發酵母。由於攪拌次數少，在家裡也能輕鬆做出此種麵包。

<使用製麵包機製作> 依序放入水→麵粉→紅糖→蜂蜜→琉球島鹽→強力即發酵母等材料到容器內，使用「攪拌模式」攪拌5分鐘。讓麵團休息15分鐘後，再度攪拌5分鐘。之後移動到步驟12的一次發酵處往後繼續製作。

攪拌

1 於調理盆內放入定量的水後，依序加入麵粉、紅糖、蜂蜜、琉球島鹽與強力即發酵母。

＊水的溫度請參考p.9。

2 使用刮板攪拌全部材料。

3 看不見水份後，用切割麵團的感覺繼續攪拌。

4 用刮板把麵團切一半。

5 重疊並按壓麵團。

6 重複4～5的動作並持續3分鐘。

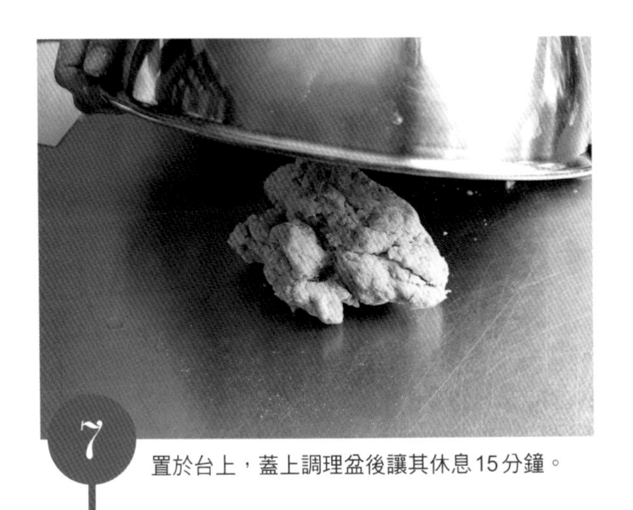

7 置於台上，蓋上調理盆後讓其休息15分鐘。

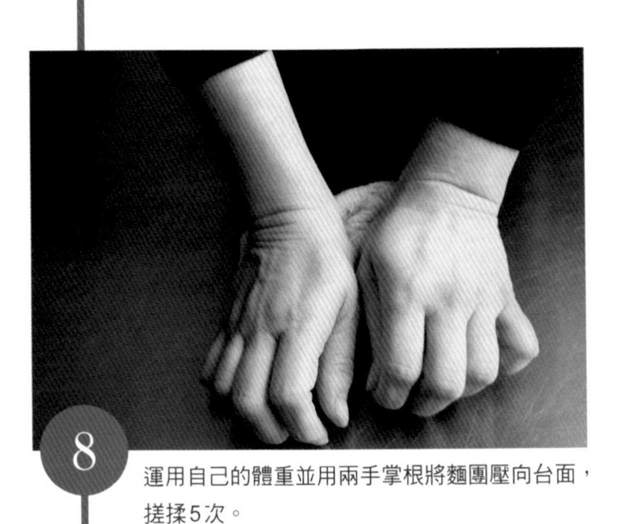

8 運用自己的體重並用兩手掌根將麵團壓向台面，搓揉5次。

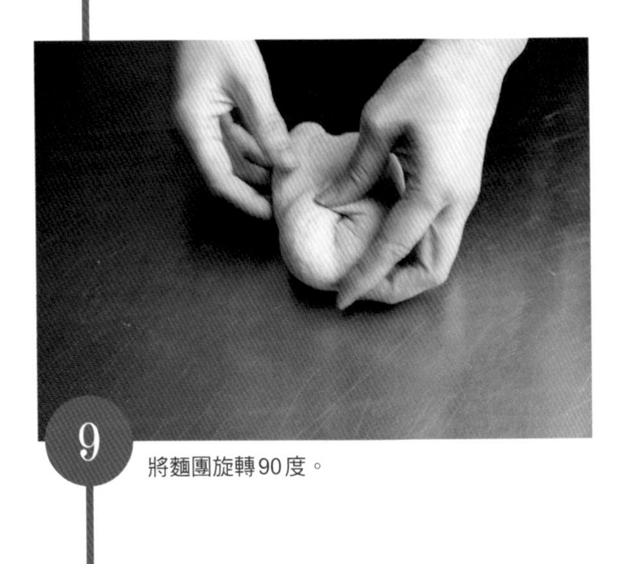

9 將麵團旋轉90度。

10 重複8～9的動作並持續3分鐘。

11 麵團變得圓滑後把麵團集中。

一次發酵

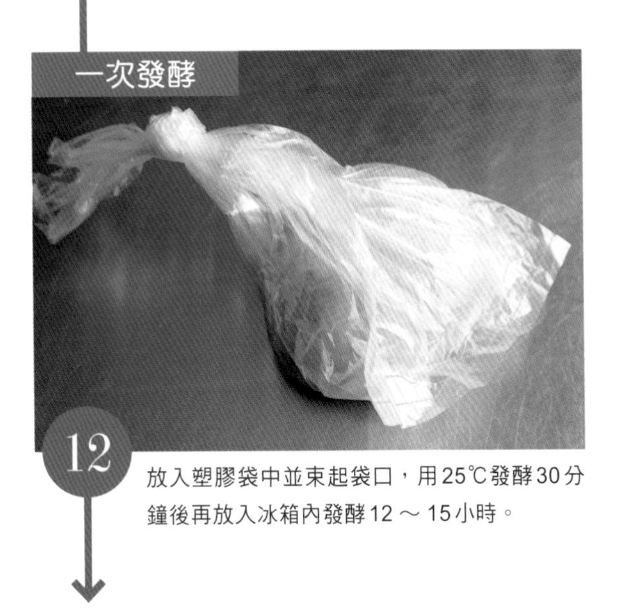

12 放入塑膠袋中並束起袋口，用25℃發酵30分鐘後再放入冰箱內發酵12～15小時。

發酵後的麵團，體積為原先的1.2倍。

分割

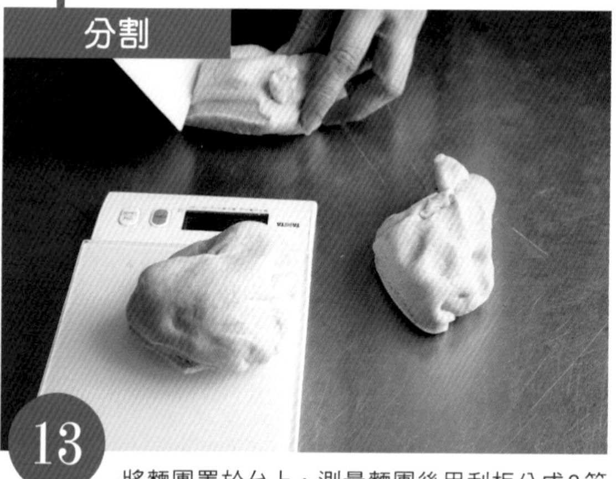

13 將麵團置於台上，測量麵團後用刮板分成3等分。

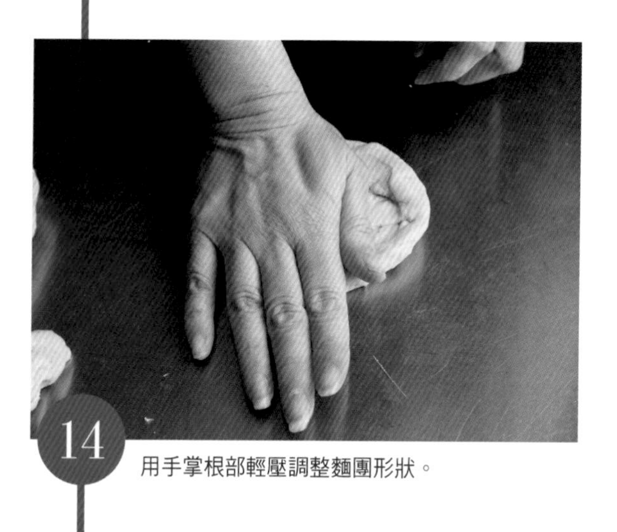

14 用手掌根部輕壓調整麵團形狀。

15 把四個角抓起，併攏到中心處後封緊。

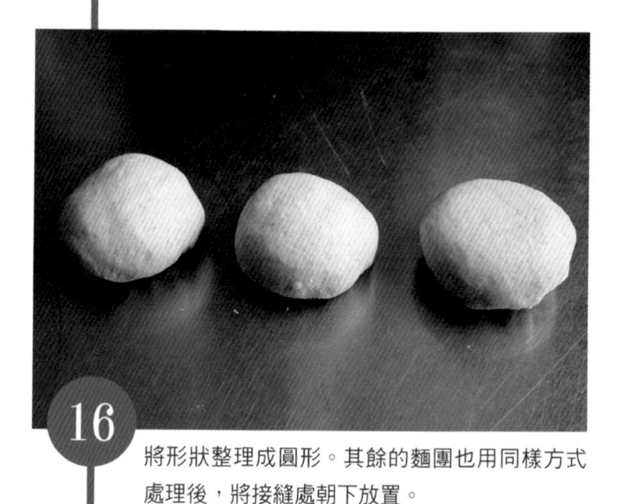

16 將形狀整理成圓形。其餘的麵團也用同樣方式處理後，將接縫處朝下放置。

鬆弛時間

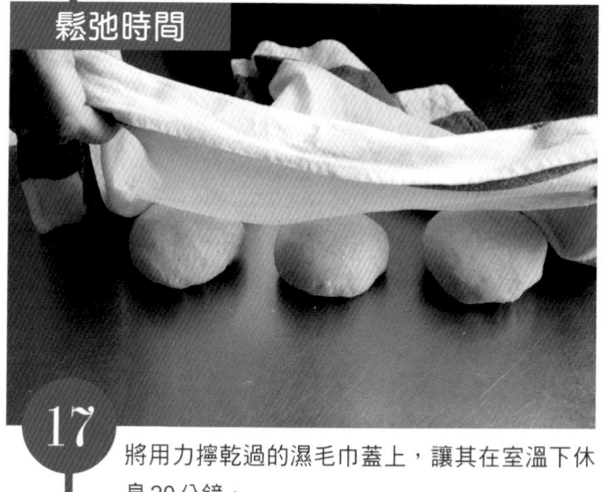

17 將用力擰乾過的濕毛巾蓋上，讓其在室溫下休息20分鐘。

20分鐘後。

整型

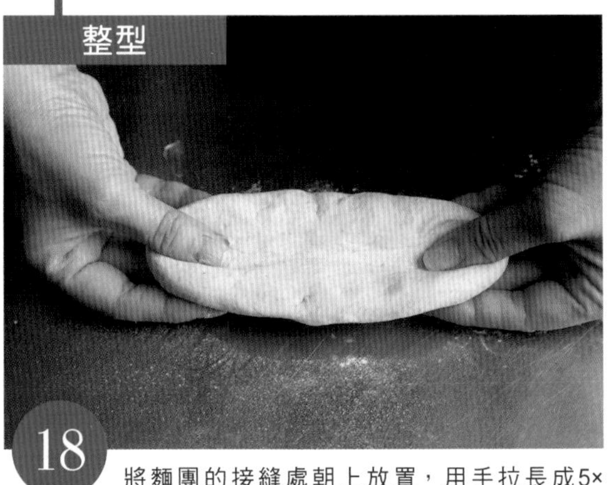

18 將麵團的接縫處朝上放置，用手拉長成5×15cm。

19 從外側摺回至面前⅓處，並用稍微壓回的感覺壓緊對摺處。

20 再次從外側對摺回面前，一邊使表面收緊一邊壓緊對摺處。

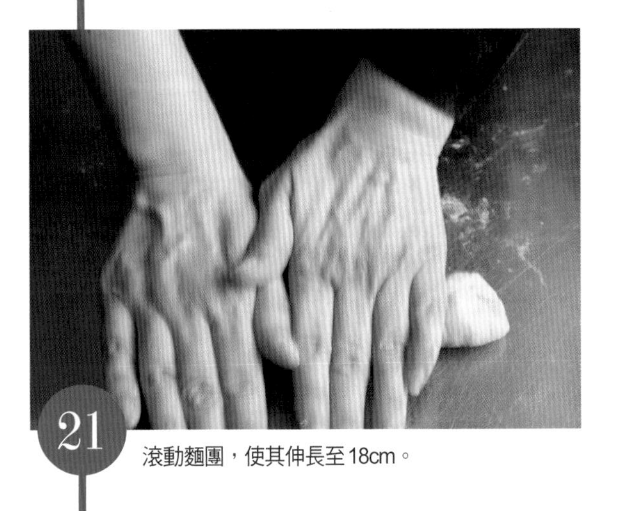

21 滾動麵團，使其伸長至18cm。

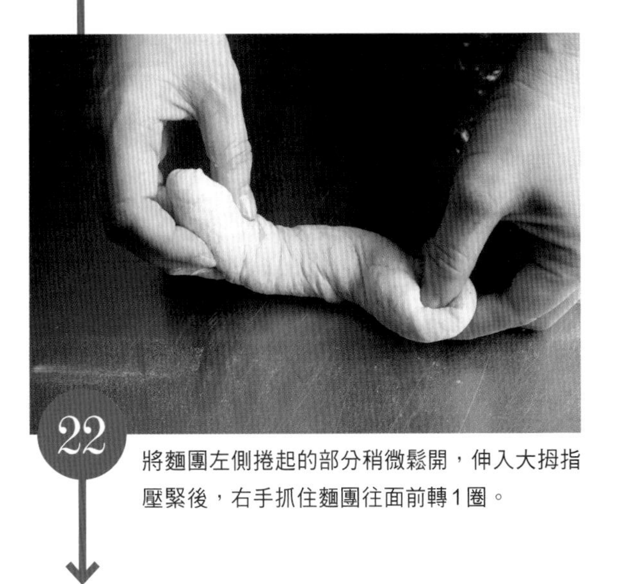

22 將麵團左側捲起的部分稍微鬆開，伸入大拇指壓緊後，右手抓住麵團往面前轉1圈。

23 把右側的麵團塞入大拇指剛剛的所在處，讓麵團連成一圈。

24 確實的壓緊以防止其鬆開。

25 其餘的麵團也用同樣方式處理。

二次發酵

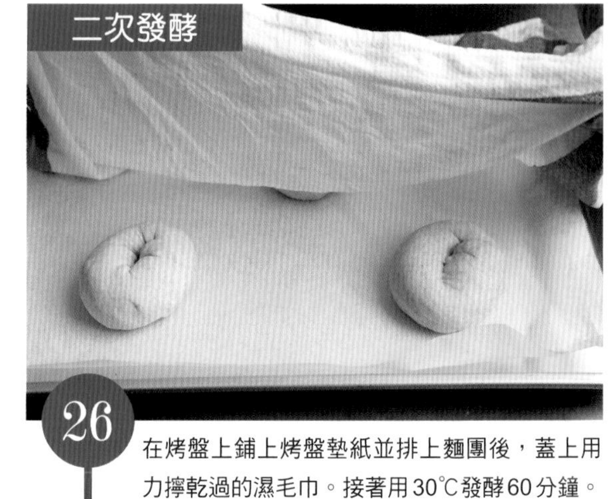

26 在烤盤上鋪上烤盤墊紙並排上麵團後，蓋上用力擰乾過的濕毛巾。接著用30℃發酵60分鐘。

發酵後的麵團，體積為原先的1.3倍。

燙麵

27 於較大的鍋子內倒入2公升的水並煮沸後，加入4大匙的蜂蜜(不包含在材料內)。

28 沸騰後把火關小，再將麵團的表面朝下置入。

29 煮1分鐘後翻面。

再煮1分鐘。

30 撈出後放在已鋪好烤盤墊紙的烤盤上。

烘焙

31 將其放進已預熱至200℃的烤箱，用200℃烘烤18分鐘（關閉蒸氣）。

肉桂葡萄乾貝果

雖然與一般貝果使用同樣的麵團，
但由於在麵團內混入肉桂與葡萄乾並在表面黏上燕麥片，
製作出的貝果擁有十足美國風格。

材料 3個份

基本的貝果麵團（參考p.85）	1份
葡萄乾	50g
肉桂粉	2.5g
燕麥片	適量

事前準備

○ 在筎籬內置入葡萄乾，入水後馬上拉起並去除水氣。

製作方法

1 照著基本的貝果麵團步驟1～12（參考p.86～p.88）製作相同的麵團直到一次發酵收尾為止。

2 將準備好的葡萄乾的其中一半散在台子上，把麵團放在其上後再於麵團上放上剩餘的葡萄乾。

3 把全部的東西用手按壓混合，再用刮板進行20次「將麵團切半→重疊壓緊」的動作，讓葡萄乾均勻混入麵團。

4 加入肉桂粉並搓揉直到混在一起。
＊不要均勻混合，而是讓其不均勻地散布在數個地方。

5 步驟13～29則繼續相同做法。

6 燙麵後取出置於濕毛巾上，稍微吸取一些水氣ⓐ。

7 將燕麥片至入調理盆內，用6沾附ⓑ。

8 烘焙／將其置於已鋪好烤盤墊紙的烤盤上，用已預熱至200℃的烤箱烘焙18分鐘（關閉蒸氣）。

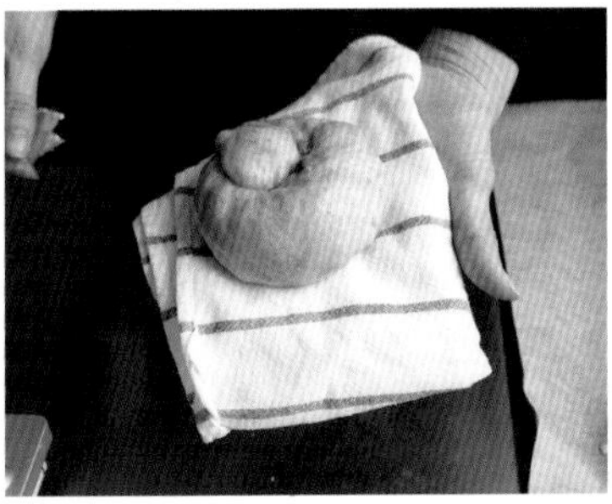

ⓐ

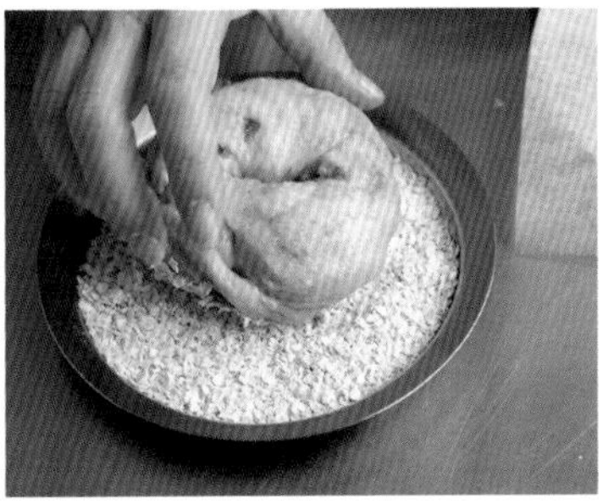

ⓑ

洋蔥帕瑪森起司貝果

「Bluff Bakery」的麵包有一個特色是用香辛料畫龍點睛、製造衝擊感或加深風味。
像這個麵包也是加入香辛料、香草與帕瑪森起司製成，十分富有個性。

材料 3個份

基本的貝果麵團(參考p.85)	1份

A

炸洋蔥	20g
茴香	4g
培根粒	3g

＊如果手邊沒有也可以使用炒至酥脆的培根。

粗磨黑胡椒	1g
刨下的帕瑪森起司	50g

製作方法

1. 照著基本的貝果麵團步驟1～11(參考p.86～p.87)製作相同的麵團直到一次發酵收尾為止。
2. 將麵團置入調理盆內，加入A ⓐ。
3. 把全部的東西用手按壓混合，再用刮板進行20次「將麵團切半→重疊壓緊」的動作，讓材料均勻混入麵團。
4. 步驟12～29則繼續相同做法。
5. 將其置於已鋪好烤盤墊紙的烤盤上，撒上帕瑪森起司ⓑ。
6. 烘焙／將其放進已預熱至200℃的烤箱，用200℃烘烤18分鐘(關閉蒸氣)。

ⓐ

ⓑ

PROFILE

榮德 剛

1976年，作為麵包店的第三代於橫濱出生。東京製菓學校畢業後，在橫濱的「L'AMI DU PAIN」師事於多明尼克・特雷摩羅。之後輾轉在東京・世田谷「LA TERRE」「ARTISAN TERRA」等店工作，2010年於橫濱・元町創設「Bluff Bakery」。2017年接連設立了「Bluff Bakery 日本大道店」「Under Bluff Coffee」等店，目前在日本國內外也作為一位講師活躍於各大技術研討會。
http://www.bluffbakery.com

「Bluff Bakery」本店

地址 神奈川県横浜市中区元町2-80-9 モトマチヒルクレスト 1F
營業時間 8：00～18：30（全年無休）
電話 045-651-4490

「Bluff Bakery」日本大道店

地址 神奈川県横浜市中区本町1-5 西田ビル 1F
營業時間 11：00～19：00（六日與國定假日休息）
電話 045-662-0181

Under Bluff Coffee

地址 神奈川県横浜市中区上野町1-8
營業時間 8：00～18：00（全年無休）
電話 045-264-8059

高橋雅子

1969年生於神奈川縣。22歲進入烘焙學校就讀，接著更在藍帶國際學院學習麵包製作。此外，也取得日本品酒師協會的葡萄酒顧問證照。1999年開設麵包與葡萄酒教室「與葡萄酒共度12個月」，2009年創立貝果咖啡店「tecona bagel works」。著有『從頭到尾品嘗下酒小火鍋』『手揉冷凍麵糰常備麵包』等多數著作。
http://www.wine12.com

TITLE

「Bluff Bakery」名店麵包配方の家庭研究室

STAFF

出版 瑞昇文化事業股份有限公司
作者 榮德 剛／高橋雅子
譯者 洪沛嘉

總編輯 郭湘齡
文字編輯 徐承義 蕭妤秦
美術編輯 謝彥如 許菩真
排版 沈蔚庭
製版 印研科技有限公司
印刷 龍岡數位文化股份有限公司

法律顧問 立勤國際法律事務所 黃沛聲律師
戶名 瑞昇文化事業股份有限公司
劃撥帳號 19598343
地址 新北市中和區景平路464巷2弄1-4號
電話 (02)2945-3191
傳真 (02)2945-3190
網址 www.rising-books.com.tw
Mail deepblue@rising-books.com.tw

本版日期 2020年2月
定價 320元

ORIGINAL JAPANESE EDITION STAFF

発行人 大沼 淳
アートディレクション・デザイン 小橋太郎（Yep）
撮影 広瀬貴子
スタイリング 曲田有子
パン製作アシスタント 北澤幸子 井之上浩子 丹下慶子 矢口裕子 岡本まどか 岡本有里
協力 佐々木素子
校閲 山脇節子
編集 小橋美津子（Yep） 田中 薫（文化出版局）

國家圖書館出版品預行編目資料

「Bluff Bakery」名店麵包配方の家庭研究室 / 榮德剛, 高橋雅子作；洪沛嘉譯. -- 初版. -- 新北市：瑞昇文化, 2019.11
96面；25.7 x 19公分
譯自：「ブラフベーカリー」のパンをおうちで焼く
ISBN 978-986-401-381-4(平裝)
1.點心食譜 2.麵包
427.16 108017270